人不应该被过去束缚，只有你能描绘自己的未来。

过往的原因就算能作为“解释”，也无法成为“解决之道”。

阿尔弗雷德·阿德勒

走出童年的创伤

Alfred Adler

[奥] 阿尔弗雷德·阿德勒——著
陈松岩——译

中国画报出版社 · 北京

推荐序

阿尔弗雷德·阿德勒，是奥地利精神病学家、人本主义心理学先驱、个体心理学创始人。阿德勒的童年充满了挫折，他3岁时亲历弟弟在身边夭折，5岁时因严重肺炎而险些丧命，还曾遭遇过两次车祸。此外，阿德勒生来瘦小、体弱多病、相貌平平，还因佝偻病而驼背，并且学习成绩也很差。童年的种种不幸，让阿德勒在很小的时候就感受到了生命的卑微。这促使他寻求突破，从此对医学产生了兴趣，后来又创建了个体心理学，最终成为与弗洛伊德和荣格齐名的心理学大师。

《走出童年的创伤》是阿德勒个体心理学的代表作品。在本书中，阿德勒从家庭、学校、社会交往、婚姻、犯罪等方面，探讨了童年创伤的形成源头和走出方向。本书研究的重点之一是童年创伤的核心——自卑感。其中特别提到了童年创伤的三大源头：有身体缺陷、被成人忽视以及被溺爱，并指出了如何应对这些问题的方法。这些经历会在人内心根植自卑感，同时，幼童在生理、心理、社会各方面都处于劣势，必须要依赖别人才能够生存，所以有自卑感更是普遍存在的。但是人是无法长期承受自卑心理带来的压力的，所以自卑就会刺激我们，让我们行动起来，我们就会给自己设定一个优越感目标。这个目标就是个人赋予人生的意义。目标不同，我们所做出努力的方向就不同，生活风格也就不一样。阿德勒认为这种生活风格基本上在童年早期（5岁左右）就形成了。生活风格会在以后的生活里面不断重复。个体心理学非常强调社会适应性，如果一个人在成长之后想要有较强的社会适应性，可以处理好人际关系、工作以及婚姻等重大人生课题，就需要从小就有良好的社会兴趣。否则他以后的生活中就会面临一些很现实的困难。

个体心理学另一个研究重点是“创造性自我”。阿德勒认为我们每个人的成长过程中，并不绝对受环境和遗传影响，我们并不是命运的被动接受者。举例来说，虽然我们经常看到一些特殊家庭的子女，因为缺少父母的爱，形成自卑情结，性格怪癖，最终一事无成。但也有很多类似家庭的子女能够学业有成，并最终在职业上取得成功。这说明，环境和遗传等外在因素虽然会影响一个人的童年幸福，也会间接影响未来的人生道路，但决定性因素还是自己的选择及自己对于童年创伤的态度。这个理论打破了弗洛伊德的人格完全由遗传与生物因素所决定的观点。可以这样说，所谓创造性自我，就是我们每个人的命运，不取决于别人，也不取决于环境，而是完全取决于自己的选择。

这种对积极态度的强调以及个体心理学的实用性，可能是阿德勒的思想如今越来越受人们欢迎的一个原因。对于养育儿女的父母来说，具有很强的指导意义。

需要说明的是，《走出童年的创伤》从诞生至今已有近一百年了，文中对一些心理现象，比如左撇子、抑郁症等的看法和解读，同现在的观点已有很多不同之处，文中已特别进行了注解，希望读者在阅读的过程中注意甄别。

有趣的是，心理学界重要的精神分析理论的发现，都是同创建者本身的经历有着非常密切的联系的。阿德勒先天条件非常不好，他的童年充满了创伤，但他努力地超越了自卑，走出了童年创伤，最终取得了卓越的成就。阿德勒的个人成长史，可以说是他个体心理学理论的最好体现。

最后，衷心希望阿德勒的这本书能够为有童年创伤和自卑的人们提供一些帮助，也坚信人世间所有的困苦都是一种化了妆的祝福！

心理咨询师　张安毅

目录
MULU

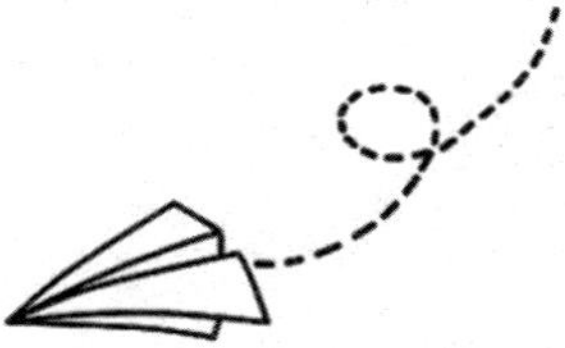

第一章
童年创伤的源头：身体缺陷、溺爱和忽视

第二章
超越自卑是走出童年创伤的关键

第三章
优越情结与自卑情结

第四章
好的生活风格，成就好的人生

第五章
童年的早期记忆对一生的影响

第六章
从举动与态度来分析人的性格

第七章
关注问题孩子和他们的教育

第八章
婚姻美满是治愈童年创伤的良药

第九章
童年创伤容易带来性问题

◎

第一章

童年创伤的源头：身体缺陷、溺爱和忽视

人生意义正确与否，产生的结果差别悬殊。人生意义正确，可以为人类的事业提供保护；人生意义错误，就会像撒旦一样可怕，它足以摧残一个人的童年，进而摧毁他的一生。这决定了我们的工作要以下列内容为重心：了解这些意义是如何产生的，深入调查其中的区别，一旦出现严重的差错，就要及时纠正。上面这些问题其实都属于心理学的范畴。心理学跟生物学、生理学的区别在于，心理学可以在明确意义，以及意义对人类影响的基础上，不断提高人类的幸福感。

错误的人生意义

人生的意义是什么？这是个体心理学[1]首先需要探讨的话题。我们通常会得出如下结论：人们一般只有经历过挫折和创伤后，才会提出这类问题。从来没遇到过挫折和创伤的人不需要探讨这类问题，因为他没有机会遭遇这类问

1 个体心理学是指阿德勒的精神分析心理学体系，以“自卑感”与“创造性自我”为中心，并强调“社会意识”。主要概念是创造性自我、生活风格、追求优越、自卑感、补偿和社会兴趣。——编者注

题。讨论这个问题时，不管从哪个角度出发，都应始终遵循一个目标，就是增加个人对其他人、对社会的兴趣，促进大家实现合作。

人类对人生意义的研究，始于刚出生时。婴儿如此弱小，都能以自己的方式估计自己的力量，以及这种力量能在生活中发挥怎样的作用。孩子长到五岁，就针对困难和事物建立了自己独有的一套稳定的行为模式。这时候，孩子对于“对自己、对世界有什么期待”，已经有了长期、深入的概念。在被人们接受之前，经验已在人生意义的基础上做了解释，制作了只属于自己的统觉[1]计划表。接下来，人们在观察这个世界时，会利用这个计划表。就算这里的人生意义完全是错的，这种方式会让人深受伤害，人们也会继续坚持采用这种方式。只有重新查清真正的错误源头，对统觉计划表做出修正、加以改进，才能改正这一错误。某些情况下，人之所以要纠正自己的人生意义，是因为自己的错误带来了恶劣的后果。他经过努力，总算把自己的人生意义纠正过来了。然而，他若没有感受到社会压力，便不会改变原有的方式，哪怕其会接二连三地给自己制造

1　是指知觉内容和倾向蕴含着人们已有的经验、知识、兴趣、态度，因而不再限于对事物个别属性的感知。——编者注

难题。一般说来，在了解内因的专家的帮助下，人们就可以矫正错误的看法。专家还会让大家明白，更加合理的人生意义是什么样的。

童年经历不一样，对自身人生意义的影响就不一样。若一个人童年过得很悲惨，那他的人生意义就可能是完全相反的。不过，对过度看重快乐体验之人来说，这只会让他对外界充满戒备，不会对他的生活风格造成影响。一部分人会认为：“我一定要改变这种糟糕的环境，我的悲惨遭遇绝不能在我的孩子身上重演。”另一部分人则认为：“真是不公平，我一直在被人剥削！既然这个世界这么不公平，为什么我还要认真对待它呢？”一部分人会告诉自己的孩子：“我能熬过艰难的童年，你们怎么就不能？”另有部分人或许会认为：“我在童年时期吃尽了苦头，所以现在可以做任何事。”这些人往往会把自己的童年经验运用到自己的行为中，一定要改变他们对经验的理解，才能扭转他们的行为。可见个体心理学已经舍弃了决定论。经验决定不了成与败，从前的经验不能打搅我们，也不能把我们击败。只有在设立自己的目标时，大家才会运用一些经验。人们的信念取决于他们从经验中得到的人生意义。也许以从前的某种经验为基础建设将来的生活是错误之举。个体的人生意义取决于个体所处的环境，而个体赋予环境的意义，又决定了个体是什么样的。

可是我们经常能看到童年环境塑造出完全错误的人生意义。在悲惨的环境中长大的孩子，有不少都成了失败者。先说童年时期患病或生来就体质不好的孩子，他们很难明白，真正的人生意义在于奉献，因为他们承受的压力太大了。通常来说，他们只会注重自身感受，除非家人能通过某些方法，让他们转而留意其他事情。他们经常会在跟其他人的比较中情绪低落。他们处在现在这种文化中，面对身边人的同情和嘲讽，更倾向于逃避和自卑。这样的处境可能会让他们感到自尊受损，并拒绝相信自己可以奉献社会。我也许算是研究残疾儿童或内分泌紊乱儿童有何困惑的第一人。自始至终，我都在极力寻找能解决这个问题的方法，可是我无意证明遗传或是先天不足会导致失败。不一定是先天不足造成了错误的生活方式，而内分泌紊乱也未必能导致错误的生活方式。

很多孩子都克服了艰苦的环境，长大成材。个体心理学不会夸大优生学在这方面的好处。历史上有很多人，虽然有生理缺陷，身体非常糟糕，或是早早去世了，却为社会做出了很大的贡献。这些人勇敢地克服了困难，从而大大推动了社会的进步。在困难面前，他们从不低头，不断努力。我们只留意他们的身体，是无法判断他们的心灵发展方向的好坏的。现实生活已经证实，大多数有生理缺陷的孩子，都得不到正确的指引，大家并不清楚他们真正有什么困难，这导致他们把注意力全都集中在自己身上，最终走向失败。

溺爱孩子，会让其产生错误的人生意义。孩子会因为受到溺爱，认为自己是上帝的宠儿，不必为此付出努力，认为自己天生就有别于其他人。如此一来，当发现身边人全都不再关注自己，而且大家全都想成为被关注的对象时，孩子就会觉得自己得到了不公正的对待。他们不愿付出，只希望得到，这便是他们跟人交往的通用方法。在身边人的溺爱中，他们再也无法独立，完全不知道自己还能做什么。他们要是遇到了麻烦，只会通过乞求别人的帮助来解决问题。他们或许会认为，只有提高自身地位，同时逼迫其他人承认自己与众不同，才能改良自身处境。

孩子在溺爱中长大成人，很有可能会变成危害社会之人。其中有些人背弃自己的良心，讨好他人，以获得权力，在组织工作的过程中，破坏组织内部团结。还有些人只要别人不讨好、不顺从他们，就会成为他们眼中的叛徒。他们还觉得社会对自己相当不友好，所以生出了想要报复所有人的恶毒想法。社会经常否定他们的生活方式，他们由此推导出社会亏欠了自己这个结论。这就是为什么惩罚他们不会有任何作用。不断强调所有人都在跟自己为敌，是他们仅有的作用。在溺爱中扭曲的孩子，所犯的错误都有着相同的本质，即要其他人都臣服于自己，只是表现的形式不一样而已。在目标不变的前提下，一些人采取了相对温和的方式，一些人直接采取了暴力方式，一些人则二者兼具。这种人相信："骑在所有人头上，便是人生的意义所在。不管采用何种方法，一定要让其他人承认自己很重要，一定要让自己的需求全部得到满足。"一个人若一直坚持这种看法，那他所做的事肯定都是错的。

孩子被忽视，同样会产生错误的人生意义。遭到忽视的孩子完全不了解何谓真正的爱，何谓真正的合作，他们会无视友谊的力量，对生活产生荒谬的理解。他们总是高估自己遇到的困难，低估自己的才能，以及身边人为自己提供的帮助。要想知道他们为什么会这样做，其实非常简单。以前，他们尝过社会的冷酷，据此相信，以后社会依然会对自己这么冷酷。他们觉得只要给对方好处，就能换得对方的感情和尊敬，所以他们对自己、对别人都充满了不信任。不过，感情的地位是其余任何经验都无法代替的。对母亲而言，最重要的事情莫过于得到孩子的信赖，然后拓展信赖的范围，将孩子生活环境的各个方面都囊括在内。如果无法获得孩子的兴趣、感情与合作，就很难让孩子对社会产生兴趣，跟别人交朋友。任何人都能对别人产生兴趣，可是要有人从旁指导、开发、磨炼，才能让这项能力得以顺利发展。

任何孩子被人忽视、排挤、厌恶，都会反感跟别人交往，都会经常独处，都会对合作缺乏了解，都会对那种让他跟别人共存的事物，彻底无视。我们都明白，这种个体必然会在其所在的环境中走向毁灭。这个孩子能活到这样的年纪，肯定是从外界得到了一些关怀和照料。因此，这里所说的孩子并没有被完全忽视，只是他得到的照顾比其他孩子少，或是他在其他方面都非常正常，只在某一方面遭到了忽视。遭到忽视的孩子根本不会信任别人，这是肯定的。有一点很讽刺，不少失败者都是经常遭到忽视的孤儿或是私生子。

综上所述，错误的人生意义有三大源头，分别是身体缺陷、溺爱和忽视。这同样也是童年创伤的源头。孩子遭受这些创伤，就会在看待问题时，采用错误的方式。必须要有人提供帮助，才能让他们彻底改变这些错误的看法。我们要尽心尽力去关心、帮助这些孩子，这样才能从他们的行为中，找到他们正确的人生意义，走出童年的创伤。

个体心理学初探——个体亦是整体

为种种特殊元素贴上意识、潜意识的标签，被个体心理学视为一种错误。大家坚信意识和潜意识彼此对立，但二者有时也会有相同的发展方向，且二者的界限并不清晰。真正的重点在于，找出二者共同运动的目的。要确定什么有意识，什么无意识，一定要先搞清二者的关系，而这种关系恰好能用原型[1]生活方式来说明。借助一个病例，能清楚说明意识和潜意识跟生活有着何种密切的关系。一个年过四十的已婚男人得了恐慌症，其中最主要的症状是想跳

1 是指事物的原始意象，来源于集体潜意识，是由荣格最先提出的。本书里的原型概念，主要是指从童年就开始形成的个性的特征和类型，也可以理解为我们每个人的心智模式，它很少来源于先天因素，更多的是受后天的生活环境和习惯所影响而形成。——编者注

楼——这是一种欲望，他不断跟这种欲望抗争。在其他事情上，他都很正常。他跟妻子关系融洽，在工作中也没有遇到任何麻烦。此外，他有很多朋友。这个病例会让我们陷入困惑，除非我们能兼顾意识与潜意识彼此作用的特征。患者有意识地觉得自己要跳楼，却活到了现在，因为他实际上并无跳楼的欲望。我们找到了他这样做的原因，就是他生活的另外一个方面，在这个方面，他对自杀欲望的抗争发挥着极为关键的作用，这是一种进入他意识范围的潜意识行为。到最后，他胜利了。在生活风格（在后文中，我们会就这个专业术语展开详细的探讨）中，他实际上已经达成了优越的目标，变成了征服者。大家可能会问：在意识范围内有着显著的自杀倾向，这样的人也能算是优越者？我这样回答：他之所以能算是优越的征服者，是因为他身体中有一种力量在反抗自杀，在这种反抗中，他获胜了。他对优越的追逐，客观来说已被他本身的怯懦抑制住了。在某个方面有自卑感的人，都会被这种已变为风格习惯的规律掌控。而其心中有这样一种反抗存在，反抗双方分别是在意识生活中展现出来的死亡欲望与自卑感，在潜意识生活中展现出来的对征服、生存、优越的追逐，这才是重点。我们接下来要验证一下，借助原型发展，能不能证实这一理论。在解析他的早期记忆的过程中，我们发觉，童年时期，他曾在学校遭遇过困难。他不喜欢跟男生往来，一直想避开他们。然而，他还是要抑制这种冲动，勇敢地直面他们，跟他们往来。我们发觉，他的确曾努力克服自己的怯懦，勇于直面并最终逾越了自己的阻碍。

对这个患者个体的解析表明，在他的生活中有一个相当关键的目标，就是战胜焦虑与畏惧，这个目标把他的意识与潜意识组成了整体。不将这位患者看作一个整体，就难以确定他的成果与优越，并极易对他做出这样的评价：他内里怯懦，却又好斗，野心勃勃。这种评价根本是错的，因为我们在此前分析事实的过程中，并未对个体生活的统一性原理加以利用，也未全面考虑该病例中的各种事实。

事到如今，若我们还拒绝承认个体就是一个整体，那我们对个体付出的一切努力，对个体的一切认知，乃至整个心理学都会变得毫无意义。在推导出生活有两个方面后，要想把生活看作一个统一的整体，就必须在这两个方面之间建立关系。

寻找目标——找到社会兴趣，冲出原生家庭

生活具备相当神奇的创造力。在极力理解这种创造力期间，个体心理学得以发展进步。在对努力探索和取得成功的期待、对发展自身的期待，乃至对以这个方面的成功来补偿那个方面的失败的期待中，都包含着上述创造力。在对目标的追逐中，展现出了这种创造力，这属于目的论，即在这种探索中，精神和身体的活动彼此合作、彼此配合。因此，以下两种做法都完全错了：割裂跟个人的关系，乃至对精神状态、身体活动进行研究时，采用抽象的方式。犯罪心理学重视罪行远多过重视罪犯，便是其中一个错误案例。要理解罪行，就不能将其视为罪犯的一段生活插曲。同样如此的，还有某一种外部的行为，其在这个案子里，可能没有犯罪，但在另一个案子里，却有可能犯了罪。个人各不相同的生活目标，决定了个人的行为及行为方向。因此，重点就在于了解个人各不相同的情况。借助这一目标，我们还能了解隐藏在每种独立活动背后的意义。对于

包含这些独立活动在内的整体的各部分，我们都应有所了解。反过来在研究各部分时，我们也务必要将它们看作整体的各部分，这样才能更好地了解整体的意义。

比如说我在医学的实践工作中，开始对心理学感兴趣。我从医学的实践工作中，得到了不少能帮助我理解心理学案例的目的论见解。在医学领域，我们清楚地看到有机体各种器官都在极力发展自身，以追逐某个明确的目标。在发展为一种明确的形式后，它们便进入了成熟阶段。我们还在一些有着生理缺陷的病例中更深入地发现，有机体会发展另一种器官，以代替存在缺陷的器官。生命机能以一种很特殊的方式处理各种各样的残疾，生命的失衡状况也由此得到弥补。面对外部的阻挠，生命断然不会屈从或放弃与之对抗，生命为了能延续下去，从未放弃过努力。

精神活动跟有机体的生命活动很相似。人们的精神中都包含着理想的观念或目标的观念，大家将据此设立一个具体目标，将实际生活中的阻碍和问题都清理掉，超越当前的状态。由于个人一早就在内心计划好了追逐成功的方法，因此，这种具体目标能让人在处理实际生活中的问题时产生优越感。不过，若人的精神中没有这种目标的观念，那么个人的活动就将失去所有意义。

“确定一个目标——让目标拥有具体的形式”，这种概念在童年即人生早期就产生了。这一点可以从许多案例中得到确凿无疑的证明。这段时期，某种成熟个体的模式或原型已经发展出来。不妨想象一下这一发展过程，一个自卑、脆弱的孩子觉得自己难以忍受某种环境，于是制订了一个目标，努力朝目标的方向迈进，以增强自身。这时跟增强所需的物质资料相比，确定增强方向的目标显得更加关键。这个目标显然掌控了孩子的所有行为，目标的存在毋庸置疑，可是我们的确很难清楚地说明这个目标是怎样产生的。由于孩子必须先定好目标，然后才能确定自己发展的方向，因此，我们现在依然无法清楚地了解，乃至准确地说明早期阶段的能力、理智、冲动和能量。我们一定要先了解他们的生活有何种倾向，才能对他们日后的行为做出预测。

有些人或许会在听到“目标”时困惑不已，因此，有必要将该观点更加具体化。“期待变成上帝”，说到底就是个具体目标。期待变成上帝，也会在专业术语“目标的目标”准许使用的情况下，变成终极目标。从事教育工作的人在教育自己和孩子变成“上帝”时，务必要谨慎。我们在孩子的发展过程中发现，确立一个更加具体的短期目标是很有必要的。我们发现，觉得自己的妈妈最强大的男孩或许会被妈妈影响，乃至在行为方面模仿妈妈，所以这个目标或许是成为妈妈或是爸爸。之后，男孩若觉得马车夫是全世界最强大的，那他同样可能模仿马车夫，同时将其确立为自己的目标。接下来，男孩在衣着、感觉、办事方面，都有可能向马车夫靠拢。无论男孩展现出什么性格特征，都会跟他这个目标相符。可是马车夫这种形象会因警察这一更令人崇拜的形象的出现，而瞬间崩塌。其后，孩子可能又会把老师当成自己追逐的目标，只因老师在惩罚学生时，表现出了强大的力量。另外，医生自然也能成为孩子追逐的目标。

孩子的目标都具备共同的具体特征，是他们对社会兴趣的全面体现，这就是我们发现的成果。若缺少社会兴趣，就会出现以下情况——有个男孩在被问及“长大以后，你想干什么”时说：“我想做死刑执行人。”他想掌控世人的生与死，手握类似于上帝的权力。这种思想比社会兴趣还要强大，这就是他对生活缺乏积极性的原因。不过，他也可能在掌控世人生死这个变成上帝的目标驱使下，立志要成为一名医生。这个目标的差异就在于，以服务社会作为达成目标的方式。

研究神经症的钥匙——统觉体系

在人生早期，个人目标有什么个性，可在原型中展现出来。方向能在原型产生后确定下来，个人的方向将更加具体化。因为这项事实，我们才能预测未来生活将会发生什么。因此，个人统觉必定包含在这种方向制定的规则中。理解环境时，个人不会以环境真实存在的形式为依据，而会怀着个人兴趣，即个人往往会根据自身的统觉体系来理解环境。

我们看到这种关系中包含着一种很有意思的现象：一个孩子若有生理缺陷，就会觉得自己的一切经历都会被自己有缺陷的器官所影响。例如，视力有缺陷的孩子或许会对自己能够看到的事物兴致勃勃，胃有缺陷的孩子或许会在饮食方面有怪癖。之前提到的这种统觉体系构成了人们各不相同的性格，因此，个人统觉体系跟这种迷恋是统一的。在了解了孩子有缺陷的器官后，我们就能了解其兴趣。可部分孩子或许未曾展现且无法被人发现他们的外部特征，主要原因在于：他们的生理自卑感会被统觉体系束缚。显然，找出孩子有什么兴趣，也并非易事。若生理自卑元素已存在于孩子的统觉体系中，那对统觉体系的揭露，就算借助对生理自卑外部展现的观察，也不一定能实现。

谈到相对性系统，孩子们再熟悉不过。任何人所掌握的知识都并非绝对正确的真理，我们这门科学也不例外。在这一点上，孩子跟成年人是一样的。作为科学基础的常识在不断变化中，大大小小、五花八门的错误一点一点铺就了这条道路。任何人都会犯错，重点在于能否把错误改正过来。

改正错误在原型产生阶段，相对容易一些。可若是在该阶段，一些错误并未被改正过来，那之后就要通过回忆该阶段的所有状况来改正这些错误。因此，治疗神经症患者的主要工作是找出在原型产生阶段，即患者的人生早期，犯了什么本质性错误，而不是找出在其之后的生活中，他犯了哪些错误。找出这些本质性错误，然后借助恰当的治疗方法，就有可能纠正患者的错误。

遗传在个体心理学看来，并不那么重要。真正重要的是个人在童年时期建立的原型，即他当时以何种态度与方式对待自己继承的东西。至于遗传给他的东西则并非重点。天生的生理缺陷要归咎于遗传。而摒弃特殊的困难，让孩子在适当的环境中生活，是我们思考的前提条件。实际上问题很容易解决，只要明确孩子的缺陷是什么，针对其进行治疗就可以，这样做很有好处。在缺乏营养等养育方面的问题影响下，就算是天生没有生理缺陷的健康孩子，也会有很大概率会发育不良。

接下来讨论一下针对神经症患者的训练与教育，个体心理学提出了什么问题。犯人、患神经症的孩子、借助酒精逃避实际人生意义之人，共同构成了此处的神经症患者群体。

我们很快找到了错误出在哪儿，这很简单，然后再来探究这些症状出现于何时。不少人都相信，症状源自新环境，实际却并非如此。我们的调查已证实，首先，患者未能做好充足的准备以适应新环境，随后才发生了具体的事。如果患者仍处在适合自己的环境中，那要找到他原型中的错误就不是件简单的事了。可是处在新环境中，患者在回应时，务必要以原型创立的统觉体系为依据，因此，任何新环境都会带着试探性。患者的回应要跟自己的目标相符，同时不能只是消极的，还要具备某种创造性，因为目标的引导贯穿了他的一生。在初期阶段，研究个体心理学的经验告诉我们，忽略遗传的重要性和突出某一部分的重要性，这两点都不可取。我们很清楚，原型是借助自己的统觉体系才跟经验达成了一致。因此，我们要得到某种成效就必须要研究统觉体系。

常识及其缺陷

对某个家庭进行观察，会发现如果家里的孩子都有发育障碍，那即便他们看似非常聪明，即被提问时，能说出正确的答案，但是只要说到能证实他们聪明的表现或特征， 他们就会展现出相当强烈的自卑感。这种孩子拥有一种只为个人着想的精神态度，在精神紊乱之人身上，我们发现了相同的态度。强迫症患者会时刻想着把窗户关起来，哪怕他们心里很明白，这样做一点儿意义都没有。除了有意义的事，对其他事都没兴趣的人，断然不会这么做。无论语言还是理解力，精神紊乱之人往往都有别于其他人。精神紊乱之人断然不会说常识性语言，可恰恰是这种语言才能表明个人对社会怀有多大的兴趣。

对个别判断和常识判断做比较，能够发现通常都是常识判断是正确的。人根据常识来判定好与坏，但很多时候又会因为在复杂状况中利用了常识，以致犯了错。可是这些错误都能在常识的持续发展中纠正过来。一些人对自己本身的兴趣太过关注，因此无法跟其他人一样，正确区分对与错。实际上，他们这样做，会将自己的行为清晰地展现在旁人面前，从而暴露出自己的无能。

还是以罪犯来举例说明。我曾问过一个罪犯有何犯罪动机，其理解力和智慧又如何。结果发现在这个罪犯看来，他的犯罪行为属于英雄的行为，他的智慧已远超过其他人，最低限度已超过警察。这个罪犯认为，自己已把自己那非常崇高的理想变为了现实。因此，在他内心之中，他已成为一个英雄。这其实恰恰表明了一种截然相反的现实：他心中并不存在英雄主义。然而，他自己并不了解这一点。他不明白，自己性格懦弱，缺乏勇气，全都跟他对社会兴趣不足有关。实际上，正因为这样，他才会只在生活无意义的方面活动。我们对这种人唯一的评价就是懦弱，因为他们对孤独与黑暗怀有恐惧，总是将自身精力倾注于生活中无意义的方面，懦弱驱使他们总是怀有这样的期待：有人在身边陪伴自己。犯罪只能表明罪犯的懦弱，这种行为一点儿价值都没有，将这点向全人类揭示出来，是抑制犯罪最好的办法。

众所周知，过了而立之年后，一些罪犯变成了优秀的公民，主动去找工作，建立自己的家庭。为什么会这样呢？比如说盗窃犯，三十岁的盗窃犯哪里比得上二十岁的盗窃犯，二十岁的罪犯更强壮，更野蛮，也更阴险。而三十岁的罪犯多半都已被迫改变了过去的生活方式，他们发觉，“盗窃”这份工作非常不合算，转行是最佳选择。

另外一个关于罪犯的事实，我们断然不能无视，那就是如果受到了更重的惩罚，罪犯不会为此感到恐慌而选择放弃，而是会在这种刺激下更加满怀信心，把自己视为非同一般的英雄。别忘了，罪犯生活在完全以自己为中心的世界中，好像不具备整体意识，也不明白何谓整体价值。找到信心与勇气，对他们来说是不可能的。这种人无法跟社会融合。患有精神紊乱、广场恐惧症的人，基本无力开办俱乐部。同样如此的，还有精神病患者。另有一项事实是，自杀之人和孩子从来不懂得怎样结识朋友，直到现在，我们也无法找到这是什么原因。他们在生活中选择的道路没有意义，这是由他们的原型一心追逐虚假的目标造成的。有一项确凿无疑的理由是，在自己早期的生活中，他们始终遵循着以自己为中心这个方向。

父母造成的影响

在讨论完社会兴趣后，接下来再研究个人在发展中会遭遇什么阻碍。尽管这个主题初看会让人觉得茫然，但其本身并不复杂。众所周知，在溺爱中成长的孩子全都会让人厌恶，人类文化中的社会与家庭都盼着对孩子的溺爱能走向终点。在生活中，被溺爱毁掉的孩子会遭遇种种问题。他们到了学校后，面临着这样一个新的社会问题：他们并未做好准备适应学校的集体生活，就已进入了这个新的社会环境，而跟其他孩子共同玩耍、学习，让他们觉得很不情愿。这样的环境让他们害怕。在原型阶段中，他们获得的经验让他们希望自己能继续被溺爱。这种性格并非来自遗传，根据原型、目标的性质，我们完全能将这种性格推导出来。有了这种特殊的性格推动他们努力追逐其他目标，他们就不会再拥有别的性格推动他们向别的方向发展。

接下来，我们要研究原型分析这个主题，这是根据我们的学科体系排序得出来的。原型在孩子四五岁时就已建立，因此，我们必须探究孩子在这段时间和这段时间之前的心灵印迹。这种印迹的形态可能变化极多，十分复杂，让成年人难以想象。

父母对孩子的心灵最常见的影响是，过度的责备或惩罚带来的情绪抑郁。孩子会因此产生反抗心理，极力想要摆脱这种影响。因此，女儿可能会因父亲性格粗暴，相信所有男人都是如此，以致建立讨厌男性的原型。而遇到严厉的母亲，儿子也有可能情绪抑郁，因此对女人心怀厌憎。这种态度以多种形式表现出对异性的厌憎。举个例子， 有一种厌憎女人的表现形式，就是孩子在性关系方面自甘堕落。这种堕落并非源自遗传，而是孩子在童年时期的环境中形成的。不过，也有些孩子会表现为懦弱和害羞。

因为父母早期所犯的错误往往会让孩子付出极大的代价。可是由于孩子的父母对自身经历产生的结果茫然无知，即便不是这样，他们也不愿向孩子坦承这种结果，以致孩子无法从别人的教育中得到太多的指引，只好沿着自己原先的方向走下去。

对孩子来说，引导和惩罚都无法发挥作用。若成年人和孩子都不清楚改变应从何处开始，那一切努力都是白费力气。斥责与惩罚无法改变无能的孩子的原型。生活经验同样无法改变孩子，因为孩子的个人统觉与生活经验已达成统一。如此一来，孩子只会变得更懦弱，更狡猾。要改变孩子，我们必须先挖掘出其基本的个性。

◎

第二章

超越自卑
是走出童年创伤的关键

在将个人生活看作统一体之余，我们还要思考个人拥有何种社会关系。新生儿很弱小，所以需要大家的照顾与关怀。人们不去想着照顾孩子，补偿孩子的自卑，就无法理解孩子的生活方式、生活风格。仅限于孩子身体之外的分析是不够的，要据此阐释孩子跟母亲、孩子跟家庭的关联，也是不可能的。这种孩子的个性牵涉一整套社会关系，且凌驾于孩子的身体特征之上。

以上对孩子的分析从一定程度上说，对全人类都适用。孩子被困在家庭生活中，是因为一种懦弱。并非所有人都能妥善应对独特的生活环境。严重的生活障碍也许会让他们无法独立面对。因此，成年人有种相当显著的倾向，就是组建集体。如此一来，他们的存在形式就由独立个体变成了社会成员。社会生活显然能在他们克服自卑、无奈的过程中，为他们提供巨大的帮助。

因为弱小，所以要群居

众所周知，动物之中有一种很普遍的状况，就是弱小的动物要过群居生活，以便用群体力量满足个体需求。举个例子，面对狼的攻击，一头水牛难以应付，可是一群水牛集中到一起就会简单很多。水牛只会在大家团结一致时，头靠头，以后腿跟对手斗争到底。而老虎、豹子、黑熊能够在群体之外独立生活，是因为自然界赐予了它们自保的方式。人类并无锋利的爪牙和强壮的身体，因此，只能过群体生活。由此可见，社会生活的源头在于个体的懦弱和能力的匮乏。

该事实表明，我们断然不能期望全体社会成员都具备相同的天赋。务必要铭记以下结论：合理的配合能让人类社会全体成员的能力及时获得支持并得以展现。对该结论的无视会让我们误以为，应仅凭个人与生俱来的能力来评判个人。事实上，在孤立无援的环境中，他的能力可能会有不足，那么到了配合合理的社会中，他的不足便能获得巨大的弥补，他的能力就能得到完全的发挥。

不妨做出这样的假设：种种不足都是因为先天遗传。于是，减少天生的不足对人的影响，推动他们跟其他人和睦共处，便成了心理学的目的。社会进步史就是人类合作史。任何人的不足都能在人类的合作中得到弥补。语言属于一种社会性质的发明，这点大家都了解。可是少有人能看出，个人的缺陷是推动这种发明问世的原因。孩子的早期行为能为此提供证据。自己的意愿没有得到满足，婴儿便会用类似于语言的声音，吸引其他人的关注。如果不需要让别人留意自己，那婴儿根本不会尽力尝试讲话。只有几个月大的婴儿尚无讲话的需要，此时，他们的一切意愿都能从妈妈那里获得满足，因此，他们根本学不会讲话。有资料记载，由于没有讲话的需求，有个孩子六岁都不会讲话。关于这一点，还有个很特殊的例子。有一对父母都是聋哑人，因此，他们的孩子摔跤时觉得疼了，会流泪，但是不会发出声音。这个孩子的确想要得到父母的关注，可他明白对于父母这样的聋哑人来说，声音一点儿意义都没有，所以他只是流泪，没有发出声音。

这表明必须根据社会环境理解个人选择的独特目标。

无论何时，都要认真留意自己研究的事件的一切社会背景。此外，要站在社会格局角度上思考，以便彻底研究独特的适应不良。不少人都发觉自己有无法借助语言跟其他人正常交流等病症，即适应不良。说话口吃是其中颇具代表性的案例。对口吃的人稍作观察，就能发现他们从出生之日，便未曾好好适应社会，他们不愿意结交朋友或参加种种活动。语言可以在跟其他人往来的过程中进步，但这种人并不愿意跟其他人往来，以至于口吃完全不见改善。口吃的人通常有追逐寂寞和想跟人沟通这两种发展特色。

成年人缺乏社会生活，就会在生活中需要当众发言的场合表现得很胆怯。在他们看来，那些听众就跟敌人差不多，所以他们很不善于在大家面前发言。如果听众占据上风且似乎带着敌对态度，这种人就会产生自卑感。只有听众很信赖自己，自己也很信赖听众，才能避免胆怯，顺利发言。

社会学问题就这样跟自卑感建立了密切关联。对社会适应不良，便会产生自卑感。社会学习是克服自卑感的根本方法。

常识跟社会学习直接相关。之前提到，人们会根据常识战胜困难。这种常识是一种属于社会这个整体的集体智慧。不过，部分人却以自身独特的理解力与语言，作为自己行为方式的基础，这点我们在前一章中提到了。精神病患者、精神紊乱之人、罪犯共同构成了这部分人。他们全都具备某些特征，违反了常规。对他们来说，社会标准、组织、人类都毫无吸引力，无法让他们产生半分兴趣。然而，他们要获得解脱，又必须借助这些。

让他们对社会性事物产生兴趣，是我们的目标所在。神经质的人总觉得应充分肯定那些美妙的意愿。可是只有美妙的意愿还远远不够，务必要让他们明白一点：在社会中，更重要的是，他们真正付出了什么，他们的行为引发了怎样的具体结果。

自卑与社会兴趣

对天生就有生理缺陷的孩子而言，心理环境元素同样相当重要。这种孩子会明显表现出一种有别于其他人的自卑，且这种自卑往往会被夸张，导致他们的处境变得更为糟糕。在最开始的原型建立阶段，他们就重视自身发展，对其他人兴趣索然。在之后的生活中，他们有继续按照这种方向发展的倾向。生理自卑感不过是导致原型出错的多种原因中的一种，孩子被敌对或溺爱也会引发类似的错误。在后文中，我们会详细探讨这三种糟糕至极的状况，并会以真实案例对其做出阐释。之前，我们谈到了孩子被敌对、被溺爱、有生理缺陷这三种状况。当前，我们发觉这些孩子并未从自己的成长环境中学到如何独立，这是一种相当恶劣的成长环境，让他们处在随时可能遭受外部攻击的惶恐中。

社会兴趣在我们的治疗中发挥着十分重要的作用，因此，了解社会兴趣，对我们来说非常必要。只有有信心、有勇气的人才能从顺境、逆境这两种处境中获利。他们生活在当前的世界中，可以做到镇定自若。他们从不恐慌，哪怕明知道困难无处不在，这说明他们绝对相信自己能解决这些困难。他们已做好准备，迎接生活中的一切问题，这些全都属于社会问题，无论何时都不会发生改变。我们在观察时，若能站在某一种人的立场上，就会发现自己绝对需要为社会行为做准备。被敌对、被溺爱、有生理缺陷这三种孩子，都缺乏处理问题、造福人类的精神态度，其原型都缺乏社会兴趣。在心理、生理两方面，原型都遭遇了挫败，因此，人格的发展方向便倾向于生活无意义的方面，对生活问题的态度，同样出现了错误。个体心理学实际上属于社会心理学，对这些患者的主要治疗是为了让他们的行为朝着良好的方向发展，而培养他们对社会、对生活的良好态度。

怎样看待自己的不足

追逐优越，感到自卑，是全人类的共同点。不过，这并不表明所有人都没有任何区别。自卑与优越这两个普遍条件，掌控着人类行为。可是人们除此之外还有环境、健康、体力等方面的差异。处在同样的环境中，人们也有可能在这些元素的影响下，犯下不同的错误。对孩子进行观察，会发现回答问题时，孩子的反应五花八门，完全正确、确定的反应是不存在的。大家都在追逐更好的生活风格，在追逐的方式中，每个人的独特性都得到了清楚的展现。尽管会犯种种错误，但是大家以种种方式做出努力，努力的方向是没错的。

个人的怪异特征、变异方式，都能拿来加以解析。以左撇子的孩子[1]为例，其中有些人对自己是左撇子这件事一无所知，因为他们在别人的悉心教导下，使用自己的右手。起初，他们的右手不够灵巧或相当笨拙，受到了很多嘲讽

1 19世纪的欧洲，因为左撇子的人很难用右手进行规范的社交礼仪活动，科学家和医生对这些人视为一种“退化”，学校和家庭会强制他们进行“改正”。所以那个时候，左撇子是备受人们歧视的。——编者注

和指责。和大多数使用右手和右臂的人相比，这的确是一种会遭受嘲讽的不足，但是也应客观看待，毕竟使其双手都接受了训练。在摇篮里时，左撇子的孩子就用左手远多过右手，旁人可以看出他是左撇子。不灵活的右手或许会在之后的生活中给他造成沉重的负担。可是从写字、绘画等活动中，又能看出他对利用自己的右手、右臂满怀信心。其实没必要太在乎左撇子这件事，只要让左撇子的孩子在之后的生活中，做比普通孩子更多的训练即可。左撇子的孩子务必要培养自身兴趣，即越早知道自己是左撇子，越会正视自身不足，努力加以训练。这非常有利于培养个人的才能和艺术天赋。在这样的处境中，孩子会变得充满雄心壮志，因为他一直在为克服自身不足而战斗。这种战斗有时会变得异常艰辛，他会因此对其他人心生妒忌或羡慕，继而感到自卑。这种自卑的程度越严重，要克服这种自卑难度就越大。在持续的战斗中，孩子也许会变得充满斗志。孩子成年后，这种奋斗的精神依旧相当强烈。他一直在战斗，并坚信自己不应有阻碍，不应是愚笨的。跟其他人相比，这种孩子身上的担子更重。

四五岁时，孩子建立了自己的原型。以此为依据，他们借助各种方式犯错误、做斗争、谋求发展。有些孩子想摆脱眼前这个自己融入不了的世界，有些孩子希望变成画家，大家有着不同的目标。关于如何才能克服这些不足，也许他们并不了解。我们很难以正确的方式为他们明确解释这个问题，哪怕我们可能对这个答案心知肚明。

存在生理缺陷的孩子有很多。比如，耳朵、眼睛、胃、肺这类生理缺陷最容易引发孩子的自卑，这点我们已经发现。有个相当怪异的案例，可为该现象做出解释。一个四十五岁的已婚男子得了气喘病，每晚下班回家后，就开始犯病。顺便提一下，他有一份很好的工作。有人问他："你老是回家后才犯病，这是为什么呢？"他答道："因为我是理性主义者，我太太是现实主义者，我们之间经常闹矛盾。回家后，我想自由自在地休息，她却想外出活动。正因为这样，我待在家里，她就会很反感，每到这时，我就会生气，喘不上气来。"

他会喘不上气来，而不会想呕吐，这是为什么呢？主要原因在于，他的原型特征要求他喘不上气来。童年时代，他好像被人用绳子绑过，而他完全无力反抗，因为身体太弱，绳子又太紧。他因这次经历产生了不适感，呼吸系统受到影响。当时，他家有个年轻的女佣很喜欢他，经常坐在他身旁安慰他，对他倾注了自己的全部精力。他因此产生了一种虚假的感觉：自己总能得到他人的安慰，总能得到玩伴。他四岁那年，那个女佣要结婚，就此离开了他，他号啕大哭着送她到车站。她离开后，他跟自己的母亲说："我的保姆走了，世界上已经没人爱我了。"

由此可见，这个男人一直在寻找这样一个人：无论何时，其都能为他提供慰藉与快乐，并会将所有注意力都集中在他身上。这种理想的人，便是他的原型寻觅的对象。这种寻觅在他成人以后，依旧没有停止。他之所以会生病，并非因为空气稀缺，呼吸困难，而是因为始终得不到安慰与快乐。找到能让自己永远快乐的人，显然太难了。他在一定程度上怀有这样的期待，期待能掌控环境。在他实现掌控目标的过程中，这一期待能为他提供帮助。因此，他的太太不会在他喘不上气时，盼着出去社交或去戏院，他的优越目标就达成了。

由始至终，他都未曾犯错误，所以表面看来不应责备他。可是他内心怀有掌控其他人的欲望，他希望把太太的物质化个性转变为理想主义，例如变成自己这样的人。怀着这一动机的人是否有别于其外表，这点应存疑。

我们总能发现，眼睛有缺陷的孩子对自己能看到的东西满怀兴趣，乃至在这方面掌握了独特的才能。比如出色的诗人古斯塔夫·弗赖塔格[1]，成就非凡的他却有眼睛散光的毛病。眼睛有缺陷的画家、诗人为数众多，可他们之所以对该领域满怀兴趣，正是因为眼睛的问题。在进行自我评价时，弗赖塔格表示："我的眼睛有别于其他人，这迫使我训练、利用自己的想象力。跟其他人在现实中看见的相比，我在想象中看见的，肯定更清晰，这完全归因于视力。可我能成为出色的作家，是否也是因为视力，我并不清楚。"

对天才的观察表明，他们中有不少人都存在视力缺陷等种种不足。这类案例在不同时期的历史记录中都能看到，就算神明也常有一只眼睛失明或双目失明，无法幸免于难。一些天才近乎失明，却比别人更善于辨认、区分颜色、光影、线条。这些案例说明，一旦了解了残疾孩子问题的源头，就能明确如何对待他们，为他们提供治疗。

跟其他人相比，部分人对食物的兴趣更加浓厚。他们

1 古斯塔夫·弗赖塔格（1816—1895），德国著名作家、文学理论家。——译者注

时常探讨哪些食物自己可以吃，哪些食物自己不可以吃。也许是早期遭遇过饮食问题，导致他们有这种表现。还有一种可能，就是母亲在他们小时候把他们照顾得极为细致，总是跟他们提起，什么食物他们可以吃，什么食物不可以吃。为逾越这些阻碍，他们需要锻炼自身。尽管不情不愿，但他们还是渐渐开始关注自己平时的饮食问题。到了最后，他们基于对饮食的关注，要么变成了这方面的专家，要么掌握了烹饪的技巧。

然而，部分肠胃功能失常的人会寻觅金钱等，以代替食物。这种人也许会变成唯利是图、吝啬至极的银行家，也许会日夜苦干，努力攒钱。有一种很有意思的状况，就是富人往往会有胃病。这种人在经商行业的表现远比其他人优秀，也许是因为他们的注意力时刻都在自己的生意上。

接下来，我们来探讨大脑和身体之间的关系。同一种不足可能会引发不同的结果。某种混乱的生活方式不一定是某种生理上的不足引起的。生理缺陷大多都能借助适当的营养计划得到妥善治疗，生理方面的不舒服也将不复存在。患者的态度才是恶劣结果的罪魁祸首，生理缺陷也许不必为此承担责任。个体心理学家相信，必然的因果关联或彻底的生理缺陷是不存在的，而患者一直对自己的身体状态怀有错误的态度，原因就在于此。据此，个体心理学家表示，要培养奋斗的精神，以抵挡原型发展过程中产生的自卑。

极度自卑有何表现

有些人会因处理问题缺乏耐性而产生焦虑感。控制不了自己的情绪，经常发火，且一直处在活动状态中的人，肯定是很自卑的人。对战胜困难有信心的人不会有焦虑感，哪怕他未必每次都能成功。孩子喜欢跟人打架、鲁莽、傲慢， 这些同样属于非常自卑的表现。要找出他们问题的源头， 即他们自卑的原因。我们要根据他们的具体情况，提供相应的治疗，就应找出他们为什么会自卑。而批评、惩罚原型生活风格中的错误，无论如何都不可行。

借助相当独特的方法，可以分辨出孩子的原型特征。举个例子，孩子不停地设置目标，为拉近跟目标的距离，不断付出努力；孩子不懈奋斗，以实现超过其他人的目标；针对各种事物， 他们表现出了各不相同的独特兴趣。部分人拥有这样的个性：不遗余力地排斥其他人。这种人对自己的表达能力和行为都没有信心，在生活、学校、婚姻、社会领域，他们都不愿去适应新环境，只愿停留在自己的小世界中，认为这里很安全。他们期待实现优越目标，可他们对巨大成功的期待，却仅限于小范围中。我们能看到，很多人都有这种特征。这种人不明白，要想有所收获，必须先做好准备， 无论做什么事，都会遭遇各种状况。一个人若消除了自己跟其他人、跟环境往来的可能性，那他在评判自己的行为时，便只能以自己的知识为依据。可是个人需要常识，需要跟社会往来，单凭其本身的知识，完全无法满足需求。

哲学家要以正确的方法集合自己的思想，概括自己的观点，这样才能完成自己的作品。可如此一来，他就不能经常跟别人出去吃午餐或晚餐，要长时间独自一人生活。可是一切结束后，他依然要为了发展自我跟社会往来。这种往来对他的发展关键至极。要从两个方面考虑这种人的需求，这一点必须铭记。可对他来说，这样做不一定能发挥作用，这一点同样需要铭记。我们必须仔细分辨，他有用的行为跟无用的行为有什么分别。

整个社会发展的决定因素就包含在以下事实中：人们时常会努力追寻某种环境，在那里，自己的地位将凌驾于其他人之上。因此，比较自卑的孩子也许只会跟比自己弱小或能被自己控制、压迫的孩子玩耍。他会排斥跟他差不多年纪但比他强大的孩子。这种表现属于反常的病理性自卑感。重要的不是自卑的意识，而是自卑的程度与特征。

这种反常的自卑感便是所谓“自卑情结”。称其为“情结”不够准确，因为这种自卑感已进入了社会个性深处。大致说来，这不仅仅是一种感情，还能算作一种病。它带来的危害会因处境的改变而改变。从事自己很有自信的工作，一个人的自卑感就会很隐蔽。可是在异性关系、适应社会的关系方面，他或许就没什么信心。这样一来，我们就能找出他的真实心理状态。

一般说来，错误在艰苦、紧张的环境中程度会加深。陌生或艰苦的环境可以让本来面目真实地呈现出来，而艰苦环境大多是陌生环境。这就是为什么社会兴趣程度如何，会在新社会环境中呈现出来。在第一章中，我们已经探讨过这个问题了。

送一个孩子去学校，观察在学校期间，他的社会兴趣如何，将其视为社会生活中的社会兴趣进行思考，这样做会有什么发现？这个孩子是在躲避同学，还是跟同学和睦相处？要让一些满心迟疑的孩子采取行动，还有一些额外的条件需要满足。务必要认真观察他们的个人生活、婚姻生活、社会生活会不会展现出相同的特征。一些孩子相当聪明，同时又相当淘气，活动时很积极。要想确定这究竟是为什么，必须观察他们的心灵世界。

一些人总是发出这样的怨言：“本来我应该做那种工作。”“我要是他，就会这样做。”“原本我能胜过他的，但是……”“是……但是……”这类句式，便属于非常自卑的标志之一。若能明白这些话是什么意思，我们就能从这种不确定的情感中找出新问题。疑心病患者因为总是疑神疑鬼，所以任何事都做不好，这点我们都了解。可是他若表示“我不会去的”，那他必然会去。

只要深入观察，心理学家必将发现一些人的内心相当矛盾。这些矛盾同样属于自卑的表现，但是自卑不只包括这些。必须观察周围那些反常之人的行为，才能发现他们跟人接触、跟人相处的方式少之又少。跟人接触时，他们会有怎样的身体姿势，是否会流露出迟疑，这些都属于观察的对象。这种人时常会在生活中表现出犹豫不决的态度。而不少人都会先前行一步，然后又后退一步，这同样属于非常自卑的表现。

我们的总体目标就是对这种人进行培训，让他们的态度不再犹豫。恰当的方式是激励，而非打击。务必要让他们确信，不论处理生活问题还是战胜困难，他们都有足够的能力。这就是正确面对自卑、树立自信的独一无二的方法。

◎第三章

优越情结与自卑情结

自卑情结，以及广泛存在的自卑感和自卑情结有何关系，我们已探讨过了。任何人都会自卑，都需要跟自卑抗争。接下来，我们要探讨优越感这种跟自卑相反的情感。

各种生活特征是怎样在个体发展与行为中展现出来的，我们都已明确。因此，我们相信个体特征以前存在，以后也将继续存在。以前表示我们试图反抗不足或自卑，以后表示跟我们的目标和努力紧密相关。正因为这样，我们对以下几点产生了兴趣：自卑情结的产生、优越情结的持续、过程的不断发展。这两种情结彼此关联，因此，不用吃惊于在某些案例中，自卑情结中会隐藏着优越情结。而在寻觅优越情结，研究其持续性的过程中，同样能看到其中隐藏着自卑情结，道理是相同的。

优越情结，一种病态的心理安慰

可是在优越、自卑后面附加的“情结”二字，仅能表明寻求优越和自卑表现的程度较深，这点需要了解。优越情结跟自卑情结彼此对立，是个人身上一种显而易见的矛盾。不过，这种对立会因我们在进行解释时，借助了上述观点而不复存在。跟普通的感情一样，自卑和对优越的追逐显然是互补的。对成功与优越的追逐，必然建立在发现自己当前不足的前提下。这些情结是自然感情的源头，这点我们是清楚的。如此一来，当这些情结存在矛盾时，我们就能判定自然感情也存在相同的矛盾。

构成人类精神与思维的各部分，实际上就是对优越的追逐。生活要想变成某种方式，达成某种目标，要把该计划转变为行动力量——一如上文中所言——就需要追逐优越，优越能像溪流一样带走自己身边的一切。观察懒惰的孩子，会发现他们对任何事物都缺乏兴趣，不喜欢活动。即便如此，他们身上依然会表现出对追逐优越的期待。

在这一欲望的推动下，他们会说出这样的话："我要是勤劳一点，也许就能当上总统。"这说明他们同样在奋斗和活动，但都是有条件的。他们觉得在积极生活这方面，自己能取得很多成果，只是他们太过自负。他们在欺骗自己，一切都是想象。可是虚无的想象能满足很多人，特别是缺乏勇气的人，这点众所周知。这种人觉得自己能力不足，因此遇到困难，总想着绕道走。他们经常陷入虚幻中无法自拔，这时他们会觉得自己聪明而强大，超过了真实的自己。

一些孩子就是因为自身的优越感，才会去选择偷盗。在他们看来，自己在其他人完全不知情的情况下欺骗了他们，偷走了他们的东西。这种人累积财富，用不着花费什么力气。罪犯总觉得自己是比其他人更厉害的英雄，由此可知，这种优越感是相当普遍的。

我在探讨这一特征时，将其视为智力系统的展现形式。它并非社会意识或共同意识。谋杀犯觉得自己是大英雄，可是相信这一点的，只有他们自己。他们没有勇气面对生活问题，只好做出这种事来。这些分析表明，引发犯罪行为的并非原始或天性的恶毒，而是优越情结。

精神病患者也有相同的特征。举个例子，由于失眠，一些人精力不足，做不完第二天的工作，他们据此相信，先前自己绝对有能力做好的工作，现在已经做不好了，并觉得别人不应让自己工作。他们发出了这样的悲叹：“我什么都能做，但前提是准许我先美美睡上一觉。”

这种病症也出现在抑郁症[1]患者身上。他们常因忧郁，

1　作者对“抑郁症”症状的描述，与现在略有些不同，这是受制于时代的局限，请读者自行辨别。——编者注

像残暴的君主一样凌驾于其他人之上。他们希望别人能陪着自己，做任何事，在任何地方都是如此。借助自身担忧，他们掌控了其他人，逼迫身边人务必根据自己的要求生活。精神紊乱和抑郁症患者在家庭中最受关注。他们身上展现出一种被自卑情结掌控的力量。他们压迫着健康之人， 比健康之人更强大，即便他们抱怨自己体重下降、又瘦又弱等，也不会改变这一点。用不着对这种情况感到吃惊， 弱者在我们的文化中同样强大。若问：“在我们的文化中，哪种人最为强大？”答案应该是：“婴儿。”这个答案逻辑性最强，原因在于，婴儿能掌控其他人，其他人却不能掌控婴儿。

自卑情结与优越情结有什么关系，是我们需要探讨的问题。举个例子，有个有优越情结问题的孩子好斗又骄横，一直想让自己看起来比真实的自己更强大。坏脾气的孩子会用偷袭的方法压迫其他人。他们为什么会做出这种暴躁的举动？这要归因于他们的自卑感，他们不认为自己已足够强大，可以实现自己的目标。

从孩子打架的案例中，我们能发现好斗的孩子都有自卑情结和对战胜自卑的期待。他们就像为了让自己看上去更加高大，而想尽办法踮起脚来一样。借助如此简单的方法，他们得到了优越、骄傲和成功。

务必要找到相应的方法来治疗这些孩子。这些孩子之所以会做出上面这些举动，是因为他们没能发现事物的自然顺序和生活的持续性。为此责备他们是很不应该的。当他们跟这些阻碍直接对立时，他们会坚决表示，自己一点儿都不自卑并充满了优越感。为了让他们了解这些问题，我们要循序渐进，以友好的态度向他们说明我们的观点。

热衷于卖弄的人之所以会觉得自卑，或许仅仅是因为他觉得在生活有意义的方面，自己没有足够的能力跟别人竞争。他一直将注意力集中在生活无意义的方面，就是因为这个原因。他没办法好好适应社会，没办法以友好的态度进行社会交往，面对生活中出现的社会问题，他手足无措。童年时代，他肯定对老师、父母都很排斥，经常跟他们作对。遇到这类孩子，我们不光要自己明白，还要让孩子明白。

精神病中的优越情结跟自卑情结连为一体，这点能够看出来。很多时候，精神病患者会展现出优越情结，却意识不到自己有自卑情结。

若一个家庭中的某个孩子深受宠爱，其他孩子会感到自卑，因此便竭尽所能追逐优越情结。若他们把自己的兴趣从自己身上转移到其他人身上，那么在处理生活问题时，他们就会有出色的表现。可若是自卑情结已在他们内心留下了显著的烙印，那么他们就会发现，自己好像生活在一种敌对的环境中，跟自己对他人利益的关注相比，自己更关注自身利益。他们总是缺乏公共意识，原因就在于此。对于生活中的社会问题，他们往往怀有一种感情，可是这种感情并不能推动这种问题的解决。因此，他们进入了生活无意义的方面，以此脱离这种约束。不过，这种脱离仅仅是表面的，算不上真正的脱离，他们还要仰仗其他人，但未曾解决问题。这种人像乞讨者一样，要仰仗其他人才能生存下去，且必须像精神病患者那样借助自身软弱，以求脱离约束。

人性拥有这样的特征：成年人和孩子都会在觉得自己很软弱时，对社会失去兴趣，转而追逐优越感。他们期盼着这样就能解决生活问题，期盼着优越感可以在不牵涉社会兴趣的情况下取得。个人若能联结起社会兴趣和优越，与此同时，还能追求优越感，并为此不遗余力，那他就有可能停留在生活有意义的方面，且成就非凡。而此人若是缺乏社会兴趣，就表明其还没有为解决生活问题做好准备。自杀之人、罪犯、精神紊乱之人和问题孩子共同构成了这种人，之前已经说过了。

要针对优越情结、自卑情结得出一般结论，就应先探讨正常人跟优越情结、自卑情结的关系，否则就太鲁莽了。之前提及，任何人都会有自卑感，但这并非疾病，反过来还能刺激正常、健康的发展和努力。被这种匮乏感抑制，无法再被积极活动刺激的人，才会变得消沉，不再努力。在这种情况下，自卑就有可能彻底转变为一种病。有自卑情结的人会通过建立一种优越情结，来逃避困难。这种人虽然不优越，但他可以假设自己已经很优越。这种虚无的成功，能够弥补让他无法忍受的自卑。正常人不会有优越感，更不会有优越情结。然而，大家是为了优越目标， 才付出努力。虚无的价值观是精神的起源，可是这种价值观不会出现在那些为事业努力奋斗的人身上。

优越情结病例分析

有个强迫性精神病的病例，能帮我们把该问题说清楚。

有个很年轻的姑娘，她的生活跟她姐姐关联紧密。大家都赞美她姐姐，说她很美。有个元素从一开始就相当重要，那就是若家庭中某个人比其他人更出色，就会对其他人产生消极作用。在这种作用下，孩子和父母都会得到完全一样的结果。家里的其他人会处境艰难，某些情况下，这种艰难的程度之深，会让大家觉得难以忍受。

这个姑娘就在这样一种不够积极的环境中成长，在她看来，自己遭受了很多压抑。若她能明白我们现在明白的一切，如果她能产生一些社会兴趣，那么她在接下来的成长中就会遵循某种方向。她学了音乐，却时刻觉得很紧张，因为害怕老师会当着大家的面表扬自己的姐姐。她的自卑情结由此产生。在学习中，她也受到了该元素的干扰。她二十岁那年，她姐姐结了婚。她随即开始寻觅结婚的对象，以便跟姐姐相比。她在其中越陷越深，距离生活有意义、正常的方面越来越遥远。到了最后，她认为自己是个坏姑娘，坏透了，所以坚信自己拥有一种能将别人送入地狱的魔力。这便是她的结论。

不妨把这种魔力当成她的优越情结。另外，这个姑娘总在抱怨，一如一些富翁总在抱怨，自己为什么如此不走运，竟然变成了富翁。这个姑娘觉得，自己拥有能把人送进地狱的能力，就跟上帝差不多，与此同时，她又总是在想，自己或许也能拯救这些人。实际上，这两种念头都完全经不起考量，可她却因为这种虚无的感觉，认为自己拥有了比非常受宠的姐姐更为强大的力量。这个法子能帮她击败自己的姐姐。正因为这样，她开始不满足于自己的能力，不满的情绪越是强烈，她对自己拥有这种能力就越是深信不疑。可如果这种能力遭到了其他人的讽刺，那么就会动摇她所坚信的这种能力，所以为了拥有好的命运，就只能表达不满情绪。据此能够发现，在现实生活中，有种优越情结或许并未获得认同，而她的自卑情结却又通过这种隐藏的优越情结的真实存在，得到了补偿。

接下来探讨那个饱受宠爱的姐姐。在成长的过程中，她曾是家中的独生女，全家的中心，受尽宠爱。可是三年以后，她妹妹出生了，她的地位随之改变。作为过去家里独一无二的焦点，她忽然失去了原有的地位，因此产生了强烈的好胜心。她虽然很好胜，却不够勇敢，具体表现就是她争斗的对象总是那些比不上她的孩子。如果在她的环境中，所有的孩子都很强大，她便不会争斗，只会变得很消极或很扭曲，那么家人对她的宠爱也许就会打折扣了。

姐姐在这种环境中，觉得自己得到的宠爱比以前少了，家人们开始用不同的态度对待她。她据此更加确定自己的判断是正确的。她直接向母亲发起进攻，因为她觉得罪过在母亲，是母亲把另外那个孩子带回家来的，这点我们不难理解。

她妹妹那时候还是个绝不能缺少宠爱、关怀、照顾的婴儿——所有婴儿都是这样的。而妹妹在这个充满关怀的环境中，完全不用努力就能得到宠爱。妹妹漂亮、温柔，讨人喜欢，成了全家的中心。她遵从美德，有时也能赢得他人的钦佩。这样漂亮、温柔、友爱，究竟是否属于生活有意义的方面？我们来做一下探讨。不妨假设她如此讨人喜欢，温柔顺从，只是因为她受尽宠爱。可是在我们的文明中，被惯坏了的孩子将来是不会受尽宠爱的。父亲偶尔也察觉到，一定要结束当前这种状况了，他实际上也是这么做的。学校在某些情况下有义务担负起这项工作。正因为这样，这个处境危险的孩子感到了自卑。她若处在适当的环境中，其他人也许看不出她有这样的自卑。而不太顺遂的环境会让她消沉乃至崩溃，优越情结便由此诞生。

自卑情结与优越情结同样属于生活无意义的方面。一个孩子只要有优越情结，且十分骄横，那他无论何时都不会进入生活有意义的方面。

被惯坏了的孩子进入学校后，失去了原本如意的环境，对生活产生了犹疑的态度，做什么都有始无终。例如之前提到的妹妹，钢琴、缝纫等都学过，可是学了没多久，她就不再学了。这种孩子还会失去对生活的兴趣，每天沉浸在忧郁中，根本脱不了身。妹妹觉得大家都喜爱姐姐，这成了笼罩在妹妹头上的阴影。因为这种犹疑，妹妹性格发生了变化，变成了软弱的人。

她的犹疑又在工作中展现出来。尽管她很想超过姐姐，但是她做任何事都有头无尾。在爱情婚姻方面，她同样表现得很犹疑。她不断寻找，三十岁那年，总算找到了一个男人。不过，她的父母肯定不会答应，因为这个男人有肺结核。由于父母反对，这段关系就结束了。过了一年，她跟一个比自己年长三十五岁的男人结婚了。这个男人用当前的标准评价，并不算真正的“男人”。这段婚姻根本不算婚姻，一点儿意义也没有。从她的这种行为中，往往能发现隐藏的自卑情结，即选择的另一半有两种情况：一是无法结婚，例如已婚男人；二是已经很老了。这种男人会在遇到困难时，表现出自己的胆怯。姑娘未能从婚姻中得到优越感的满足，为寻求这种满足，她唯有做出新的选择。

她坚信世间最重要的是责任。她不停地洗手，摸过任何人、任何东西都会洗手。可她的手依旧很脏，因为她频繁洗手，把自己的手弄得异常粗糙，很容易留下污渍。她变成了彻头彻尾的孤家寡人。

尽管她的种种行为看起来都像是自卑情结的表现，但她还是相信，自己是全世界仅有的一个干干净净的人。她会责备或批判别人不能像自己一样，对洗手怀有异常的热忱。她就像在戏剧中表演一样，时刻想着跟其他人相比，自己更为强大。借助一种虚无缥缈的方式，她的确做到了这一点，全世界的人都比不上她干净。可见正是自卑情结转化成了她那种非常显著的优越感。

这种情况也会出现在有着很强控制欲的自负感中。在某些人看来，自己就是君王，就是上帝。他们扮演着这种角色，演得好像真的一样。他们处在生活无意义的方面，被孤立于生活之外。回顾他们从前的经历，可以发现他们是因为自卑至极，才会在展现优越情结时，采用一种毫无意义的方式。

有这样一个病例，一个十五岁的男孩因为幻觉住进了精神病院。当时“一战”还没有爆发，男孩出现了幻觉：奥地利国王去世了。男孩表示，国王在梦里要求自己统领奥地利军队，去跟敌军开战。这个梦不可能成立，多半是男孩的妄想。根据报纸上的新闻，国王不是坐着车外出，就是留在城堡。有人叫这个矮小的男孩看报纸，他看完后依然坚持认为，国王已经不在人世了，在梦里交代了自己那件事。

那时候，个体心理学正在研究睡觉时的姿势对个人的优越感与自卑感发挥着何种关键的作用。男孩的病例显然为该研究提供了相当有价值的证据。部分人睡觉时，会用被子蒙头，身体弯曲躺在床上，好像刺猬。这样的姿势能表明他们很勇敢吗？这其实是表明他们有自卑情结。而我们能判定，睡觉时身体笔直的人极易在生活中屈从于其他事，或其本身很软弱，很平庸吗？实际上，这种人能表现出潜藏或外露的出众能力和高尚品格，一如其在睡觉时的表现。对以趴伏姿势睡觉的人的长期观察表明，这种人大多很好斗，很执拗。

为表明上面这个男孩睡觉时的姿势跟他清醒时的行为之间的关联，我们对他进行了观察。他的睡姿像拿破仑，双臂交叉，放在胸口处。这种类似于拿破仑的睡姿被拍照记录。翌日大家向男孩发问："根据这个姿势，你能想到你的哪个熟人吗？"男孩说："能，我的老师。"这个答案让人摸不着头脑。这个老师可能有些类似于拿破仑，有人给出这样的提示。实际上，男孩很喜欢这个老师，期待自己也能做这样一个老师。可是男孩家里承担不起他上学的费用，家里人就把他送去了饭馆，让他在那里打工。男孩很矮，因此遭到了饭馆里每位客人的嘲讽。他难以承受这样的羞辱，想要逃避，结果却逃到了生活无意义的方面，尽管逃避的目的他达到了。

眼下，我们终于能理解男孩的经历了。起初，饭馆的客人因为他身材矮小，对他嘲讽有加，他由此生出了自卑情结。然而，他希望能做老师，成为出众的人才，但某些阻碍让他的目标无法达成，最终，他只好逃避到了生活无意义的方面。他只有在睡觉期间，才能获得优越感。

我们现在明白了，优越目标在生活有意义的方面和无意义的方面都有可能出现。例如，仁慈善良的人可能会自我吹嘘，也可能会热心助人，社会适应性很强。心理学家经常遇到第一种情况，这种人最重要的目标就是卖弄和吹牛。举个例子，有个男孩在学校表现欠佳，品德败坏，连偷东西、逃学这种事都做，还经常吹牛。他之所以有这些表现，根本原因在于自卑情结。为实现美好的目标，他借助了这种虚荣、卑鄙的方式。他用自己偷窃得来的钱，给风尘女子买花和各式各样的礼物。之后，他驾着马车来到一座遥远的镇上。在那里，他偷来一辆六匹马拉的马车，四处游荡，别提多骄傲了，结果却被抓起来了。他所有的行为都是为了一个目标：表现得比真实的自己、比所有人都更强。

有些人表示，成功对自己来说非常简单。这类特征也表现在犯罪中。前段时间，纽约几份报纸刚刚刊登了这样一起事件：一名盗窃犯潜入一个老师家里，与其激烈辩论。

盗窃犯对这位女士表示，做循规蹈矩的普通工作会遭遇一大堆麻烦，而偷东西这份职业却十分简单，以此教育对方。在进入生活无意义的方面时，部分人竟生出了优越情结。他们是在选择无意义这条路的过程中生出了这样的情结。

在这个盗窃犯看来，跟这位女士相比，自己更强，特别是自己有武器，而这位女士却没有。他怎么能意识到，自己实际上是个懦夫呢？他进入生活无意义的方面，就是为了告别自卑情结，这点大家都已了解。可身为懦夫的他并不相信自己是懦夫，还觉得自己是英雄。

有些人选择用自杀逃避世间的一切难题，以此获得解脱。对生命的轻视，便是其优越感的源头。这种人同样属于不折不扣的懦夫。优越情结进入第二阶段后，便会对自卑情结进行补偿。无论何时，都务必要找出这种关联。这种关联跟人性看似非常矛盾，实际却是统一的。找到这种关联后，再治疗优越情结与自卑情结，就不是什么难事了。

自卑情结的出现跟童年息息相关

追逐优越与自卑情结引发的种种结果，会让人难以适应社会。这两个专业术语直接阐释了何谓社会适应不良。这样的情结是在个人跟社会环境彼此影响期间产生的，也许跟血缘无关，也不在物质内部。可是为什么优越情结与自卑情结并非人人都有？

任何人都会追逐优越、追逐成功，都会感到自卑，对个人精神生活来说，这些都是必不可少的重要组成部分。人们的优越感与自卑感被一种心理机制掌控，这种心理机制会促使他们在发展自身勇气、社会兴趣、社会感、常识逻辑时，仅限于对社会来说有意义的方面，这解释了为什么优越情结与自卑情结并非人人都有。

我们同样能研究前文中提及的心理机制的作用与非作用。除了非常自卑的孩子，其他孩子都能在发展自身时，将范围限定在对社会有意义的方面，并竭尽所能让自己也有意义。这种孩子会对其他人产生兴趣，以便实现自己的目标。社会适应与社会感，即对这方面的正确、正常的补偿。从某种角度说，成年人和孩子在追逐优越时，都不一定会有这种成长过程。无论何人都不会说："我对其他人没有兴趣。"他断然不会找借口解释自己的这种行为。不过， 他有可能真的做出这种行为，以表明这个世界无法让自己产生兴趣。他会反过来表示，自己对其他人是有兴趣的，以此掩饰这样一个事实：自己无力适应社会。社会感便由此获得了证明，这种沉默的证明是很普遍的。

可适应不良的情况的确是有的。在对边缘病例进行观察时，可以顺便研究这种情况的源头。在一切顺遂的情况下，边缘病例的自卑情结不会直接展现出来。此时的自卑情结是隐藏的，最低限度会有隐藏的先兆。因此，未曾遭遇阻碍的人会表现得很愉悦，可是认真观察就能看出来，有自卑感隐藏在他的语言或思想中，最低限度会展现在他的态度中，即他会以一种方式展现出自己的自卑情结， 让我们看出来。自卑感在被夸张过后，就会形成自卑情结。因为自卑，这种人尝尽痛苦，其自我被迫承受沉重的负担，为逃脱这种约束，他们想出了各种各样的方法。

以下这种情况颇有意思。有些人直接表示："我非常自卑。"有些人却把自己的自卑情结隐藏起来。这些承认自己有自卑情结的人，觉得跟其他人相比，自己更为高尚，因为其他人都没有勇气承认的事情，自己却有勇气承认。这种人好像十分满足于自己的坦诚。他们如此“真诚”地告诉自己：“我很真诚，因为我可以把自己生病的原因公开。”在坦承自己的自卑情结后，他们还会暗示是生活或其他环境困难导致他们变成了这样。一次意外、家庭与双亲、被夺走的身份与权力、良好教育的缺失、他人的压迫等，都属于这类难题。

优越情结时常会对隐藏的自卑情结做出弥补。这类人往往具备以下特征：自负、傲慢、不懂礼貌、用心险恶、势利眼等。他们重视外表多于行为。这类人在早期追逐优越情结时表现得很胆怯。之后，他们遭遇的一切失败，全都以此作为托词。他们表示：“要不是因为胆怯，我怎么会不去做呢？”类似于这种“要不是”的句式，通常都是自卑情结的隐藏之处。

自卑情结会展现出慎重、狡诈、卖弄、抗拒巨大的生活困难等特征。除此之外，探索的活动范围既狭窄，又有无数规矩约束，同样属于自卑情结的体现。总是倚在柱子上，也是自卑情结的体现。这种人会培养某些相当奇妙的兴趣。对于自己，他们并不信赖。他们会为收集小广告、报纸这种事，倾注自己所有的精力，以避免时间白白流逝。他们每次都能谅解自己的这种行为。他们在无意义的方面做了大量实践工作，若他们这样坚持下去，时间久了，必然会患上强迫性神经官能症。

整体而言，所有孩子都隐藏着自卑情结，无论其外在有何表现，都不会对这一点造成影响。由于懒惰的实质就是对生活重要目标的抗拒，因此，懒惰同样属于自卑情结的特征之一。不敢讲真话，所以不讲话。因对方不在旁边或马虎大意，所以可以偷盗成功。孩子的这类行为，就是以自卑情结为中心。

自卑情结有演变为精神病的可能。焦虑性神经症患者有很多是无法独处的。若有个人能一直陪伴在自己身边，那么他就是这种人的目标。也许他会想要掌控其他人，得到其他人的照料。他的自卑情结在此期间就转变成了优越情结。他能变得优越，是借助其他人务必要为自己服务这一方式。精神紊乱之人的发展经过，也跟这差不多。在由自卑情结发展出来的抗拒规则的强迫下，这种人进入了困境，此时，他便会怀有这样的期待：在想象中获得成功，认为自己很了不起。缺乏勇气导致自卑情结发展的病例的心理机制，在进入社会正轨后，就会在生活有意义的方面败下阵来。

在进入社会的途径中，这些人会因缺乏勇气而遭遇阻碍，哪怕以他们的智慧，根本理解不了这条路的必要性与影响，可他们却仍然选择走在社会这条路上。

自卑情结案例分析

以上这些人属于自卑情结的典型代表。这类行为在犯罪中，全都能得到确凿无疑的证据。这些人既愚蠢又懦弱，社会的愚蠢跟这种懦弱共同构成了一种病症的两面。

在分析酗酒这件事时，可遵循同样的思维脉络。在生活无意义的方面摆脱束缚，会让懦夫满足不已，而酗酒者总想逃避自身问题。

这种人的社会常识、知识结构、世界观彼此之间毫无关联。可是在生活中，正常人恰恰是在社会常识的帮助下，得以维持自己的勇气。举个例子，罪犯要么时刻想着谴责他人，要么时刻想着为自己辩解，强调正经工作只能赚到很少的薪水。他会谴责社会很冷漠，未曾为自己提供帮助。他表示肠胃向自己发号施令，自己只能遵从。一如希科曼——那个谋杀儿童的罪犯所言：“我只是受命于上级。”审讯期间，罪犯为了帮自己辩解，会找出种种借口。有个杀人犯甚至说：“那个孩子是我杀的，但是就算他活下来，又有什么意义呢？世界上已经有那么多孩子了。”就这样，这个杀人犯成了一位所谓的哲学家。根据他的观点，当大量更有价值的人挨饿时，杀掉一个上了年纪的有钱女人并不恶劣。

这种逻辑在我们眼中非常牵强附会，经不起思考。这种人在选择目标时，似乎被匮乏的勇气约束了，他们那毫无意义的生活目标竟束缚了他们所有的世界观。对于生活有意义方面的目标，根本没必要做出半点儿说明。无论何时，这种人都会帮自己推卸罪责。

谈到社会目标与态度向反社会目标与态度的转变过程，需要列举几个案例。第一个案例是这样的，有个年约十四岁的女孩，她成长的家庭环境相当朴实。她的父亲很勤劳，一直在工作养家，直到他失去了工作能力。她的母亲对人友好且诚实，生了六个子女。眼下，她父亲病了。

她家里第一个孩子是个很聪慧的女孩，却早早夭折了，夭折时才十二岁。二女儿也生过病，后来病好了，就找了一份工作，帮忙养活全家人。这个案例的主角是三女儿安妮，她一直很健康。为了照顾生病的父亲和两个姐姐，母亲完全没空理会安妮。安妮还有个弟弟，这个相当聪明的男孩也生病了。到了最后，安妮发觉自己处在两个受到宠爱的孩子中间。尽管安妮本身很出色，但是她觉得跟其他孩子相比，自己并不那么受宠。她非常压抑，口出怨言，说自己遭到了忽视。

在学校，安妮成绩很好，是最出色的学生。老师见她成绩这么好，提议她应继续读书。她十三岁半就进了高中，在高中期间，她发觉自己已经不是最出色的了，无法得到某个新老师的喜欢，也因老师没表扬自己而退步。在此之前的那个老师非常喜欢她，对她评价很高，同学也都很喜欢她，她并未变成问题孩子。不过，有位个体心理学家还是从她当时跟朋友的关系中发现了她的问题：她不停地批评自己的朋友，一心想掌控他们，她希望所有人都以自己为中心，对自己说好话。等到她自己被人批评时，她却承受不起了。

安妮的目标便是获得其他人的照顾、宠爱、赞美。她发觉，到学校后，自己便能达成这个在家无法达成的目标。可是她到新学校后，却发现老师好像不喜欢自己，给自己的评语非常糟糕，而自己也无法从其他人那里得到赞美。于是，她开始逃学，一逃就是好几天。等她再返回学校时，她的表现越发糟糕了。到了最后，老师提议把她开除。可是开除她一点儿意义都没有，只能表明老师、学校都对眼前的问题束手无策。即便如此，她也应去找别人，做出少许成绩来。不妨找一个新老师，期待其能对安妮有更多的理解，或跟她的父母商议帮她转学。然而，这些老师统统没有想到，并一味表示："这个学生正在退步，喜欢逃学，必须把她开除。"这种观点属于个人知识，而非常识，但对老师来说，常识是必不可少的。

之后会发生什么情况，已经很清楚了。女孩失去了最后的支柱，相信不管什么事，自己都没办法做好。先前，家人还会夸赞她几句，现在这种夸赞也因她被开除而消失了。她因此离家出走，再次消失。最终，她居然跟一个军人堕入了爱河。

要理解她这种行为非常简单。她的目标是得到别人的夸赞。她的一切努力全都局限在无意义的方面，恋爱期间也是如此。那个军人起初很喜欢她，给她赞美。然而，她之后写信给家里人，说自己怀了身孕，想服毒自杀。

她写信给家里人，这种做法跟她的性格特征相当契合。长久以来，她不停地改变方向，以在某个领域得到别人的赞美。她的这种改变一直持续到了她回家以前。她明白，母亲已对自己完全绝望，所以不会再骂自己。她觉得只要自己出现，全家人就会非常激动。

表同作用[1]是治疗这类患者的关键，这要求我们要具备同情心和换位思考的能力。患者努力的方向，便是得到他人的赞美。我们若是她的同类，会这样问："我要做些什么？"其中，年龄、性别都必须兼顾。应极力激励这种人向有意义的方向发展，等到其能有以下认知时，我们的工作才能停止："我之所以会被开除，并非因为不思进取的表现。我看见的也许有失偏颇，我的学习也许还有待进步。在学校中，我表现出的个人认知可能太多了，所以才无法领会老师的意思。"他们若有了勇气，也许就会尝试在有

1 是指把别人具有的、使自己感到羡慕的品质加到自己身上，向别人模仿和学习来发展自身。——译者注

意义的方面发展自身。这位患者毁于缺乏勇气和自卑情结的混合。

想象一下，其他人在这个女孩的处境中，会有何种表现。例如，一个跟她同龄的男孩，通常的情况是，男孩会开始犯罪。一个男孩在学校丧失了勇气，那他很有可能在校园外四处游荡，更有甚者，会走上犯罪的道路。要问这是什么原因，其实很简单。处在绝望之中的他拒绝做作业、冒充家长签字、迟到、逃学去别的地方。在这种地方，他会遇见一些跟他经历相似的人，最终加入这个群体。他的个人理解力的表现不断增加，任何事只要跟学校相关，都无法再让他产生兴趣。

很多时候，个人是否拥有特殊能力的念头，都跟自卑情结存在某种关联。这种说法实际是说，有天赋的和没天赋的都大有人在。自卑情结的表现之一就是这样。任何人都能做到某事，是个体心理学的原理。不管男孩还是女孩，只要觉得生活有意义方面的目标，遵循该原则，只会让自己觉得绝望，那么其必定有自卑情结，这便是相应的症状表现。

认为性格特征来自遗传是自卑情结的另外一种表现。

如果天赋决定成功是正确的，那心理学家就无法做成任何事。成功其实取决于勇气。在我们做有意义的工作期间，帮我们把绝望转变为希望，让我们在希望这种感情的影响下变得精力旺盛，便是心理学家的工作。

十六岁的男孩因为被学校开除，陷入绝望，选择自杀，这种情况间或会出现。他对社会提出了控诉，为报复社会，采用了自杀的方式。年轻人会选择这种方式来进行自我肯定。然而，这种肯定借助的不是常识，而是个人的理解。这时很有必要劝导男孩鼓起勇气，向着有意义的方向发展。相关案例还有很多。例如，有个十一岁的女孩觉得兄弟姐妹都很受宠，只有自己不讨父母欢心，是多出来的一个。为此，她总是大吵大闹，觉得不顺心，毛毛躁躁。这种孩子无法赢得别人的欣赏。这个案例解析起来非常简单。起初，女孩希望赢得宠爱，可到了最后，她失去了所有希望，还开始偷东西。个体心理学家认为，孩子偷东西并非极为严重的犯罪，仅仅是为了充实自己的活动而已。不觉得自己有什么东西被人剥夺了，这种人根本无法充实自己。他们之所以偷东西，就是因为失去了所有希望，从家庭中得不到爱。孩子往往会在觉得自己有些东西被夺走后，开始偷东西。这种感觉并未解释真实问题，仅仅是对一些行为的心理原因的揭露。

另有这样一个案例：有个八岁男孩，是个私生子，跟养父母共同生活，前途很不光明。养父母并不关心他，对他放任自流。有时候，养母会给他糖吃，这是他的生活中最光明的经历。这个可怜的孩子若吃不到养母给的糖，就会悲伤至极。养母之后和一个上了年纪的男人结了婚，生下一个女儿。这个老男人对女儿宠爱有加，她是他一切快乐的源泉。夫妻俩选择继续收养男孩，是因为送男孩去外面生活需要支付一些抚养的费用。老男人每次回家都会带一些糖，但一点儿都不给男孩，而是全都给了小女儿。男孩因此开始偷糖吃。他之所以要偷糖，是因为觉得自己被剥夺了一项权利，需要充实自身。为了这件事，养父打了男孩很多次， 可男孩始终没有改正这种习惯。男孩不停地挨打，却坚持不改。一些人据此相信，男孩很有勇气，但这并不是真的，男孩也从来不想让真相败露。

案例中这个孩子被人当敌人一样看待，从未享受过正常人的待遇。必须给予他机会和鼓励，让他像正常人一样生活。他如果能学会思考时从其他人的立场出发，便能明白小姑娘找不到糖，以及养父发现他偷东西时，分别会有什么样的感受。这个案例是关于被敌对的孩子的自卑情结，其展示了勇气、彼此谅解、社会感情这三者的匮乏相互联结形成自卑情结的过程。

◎

第四章

好的生活风格，成就好的人生

两棵松树分别生长于山顶和山谷，仔细观察就能发现，二者有着迥然不同的生长状态。尽管都是松树，但二者的生长风格却各不相同，差别极大。树木的生长风格在某种环境中产生，继而对外展现为树木的个性。在兼顾环境的情况下，对一种生长风格进行研究，会发现其跟我们期待的很不一样。可见，每一棵树都有属于自己的生长风格，这不仅仅是对环境的刻板回应。

同样如此的，还有人类。对个人生活风格进行研究，不留意环境是不行的。人的意识会因环境的改变而改变。我们因此把自己的目标确定为，观察生活风格和真实环境有什么直接关联。环境顺遂，个人生活风格也许就不那么明显。环境陌生且频频遭遇困难，便会暴露出个人生活风格，让旁人看得异常清晰。而有着丰富经验的心理学家，甚至能看清楚环境顺遂之人的生活风格。可一般人就必须等对方进入相反的环境时，才能发现其生活风格。

困难在生活中随处可见，大家都会遇到包含着诸多困难的环境。务必要研究遭遇困难时，大家会表现出何种特殊的性格特征，会有何种反常的活动。生活风格诞生于早期生活的困难和对目标的追逐中，因此是个整体。

不过，我们对将来的兴趣超过了对过去的兴趣。要探究个人的将来，必须先了解其有什么生活风格，否则便无法预计其将来，哪怕兼顾驱动力、刺激和本能等，也无法改变这一结果。一些心理学家尝试借助对伤痛、记忆、本能这些元素的关注，推动结论的产生。可是深入观察的结果是，这些元素只表明这种生活风格根本不会发生改变。因此，任何种类的刺激都只能维系、保护生活风格，这便是其发挥的作用。

在之前的几章中，我们探讨的问题跟生活风格存在一些密切的关联。之前提到，某些生理上有缺陷的人会在遭遇困难时感到自卑，或产生自卑情结，以至于受尽折磨。如果在很长的时间内都是如此，人会觉得难以忍受。他们会在自卑的刺激下采取行动，从而形成新的目标。个体心理学在概述该目标的连续、统一活动时，一直用生活计划这个词语。我们之所以叫它生活风格，是因为生活计划往往会引起学生们的误会。

任何人都有属于自己的生活风格，因此，估测一个人的将来就像看一出戏，戏已经演到了第五幕，要得出结论，也许只需要向个人提问，让他作答，或在他跟其他人交流时，在旁边观察。一切奇妙深奥的东西，都会在该过程中表现出来。我们之所以能估测将来，是因为我们了解生活中各式各样的困难与问题，以及每一个生活阶段。借助下列情况包含的信息与经验，我们就能判定各种类型的孩子即将遭遇什么状况：一些孩子会跟其他人保持距离，一些孩子被溺爱，一些孩子需要依靠别人，一些孩子刚刚进入新环境，显得相当犹豫不决。一个人以找到能够依靠的对象作为自己的目标，这个人会有怎样的遭遇？他也许会逃避生活问题，不对其进行处理，也许会变得迟疑不决，中止行动。我们可以理解他的行为，毕竟类似的状况我们已经见识过很多次了。他想得到别人的宠爱，想远离生活中的重要问题，前行途中，他不希望独自一人。他不想为有意义的事努力，却为无意义的事忙个不停。到了最后，社会兴趣的匮乏导致他变成了罪犯、精神病患者、问题孩子，乃至自杀之人，以此达到完全的解脱。先前，我们已知道了这些，眼下，我们对此的认知更全面了。举个例子，我们已了解，在研究个人生活风格时，可用正常生活风格作为标尺，也能用社会适应良好之人作为标尺，对非正常的转变形式展开研究。

什么样的生活风格是正常的

接下来，应为判定生活风格的方法做出说明。要了解种种特殊、错误的生活风格，前提是要先了解正常的生活风格。这对我们来说，也许是有好处的。然而，有一点要先明确，这种研究的方法并不适用于人的类型划分。在此基础上，我们再来探讨问题。我们采取这种做法，是基于任何人都有自己独一无二的生活风格，没有哪两个人是一模一样的，一如没有哪棵树上会长出两片一模一样的树叶。自然界千姿百态，我们无法找到两个相同的人，因为统计错误本能与刺激元素的概率是颇具难度的。所以我们概括出相似点，据此分类，仅仅是出于方便的考虑，这种做法很有智慧。要做出更准确的判断，不妨先进行简单分类，例如概括一个类型，对该类型的特殊性加以研究。可在这种情况下，我们就不应只采用相同的分类方法，而应采用能帮助解释一种独特、相似的类型的分类方法。在分类这件事上，一些人表现得相当严格，断然不会想到一种人的特征既能包含在这个类型中，又能包含在那个类型中。

我会举例以便更清楚地说明。例如谈及一种类型的人无法适应社会，我们的意思是，这种人离群索居，对人生和社会都毫无兴趣。尽管在进行类型分类时，这种方法是可用的，且有可能是至关重要的，但在了解所有个人时，有一种情况很明显：一些人不顾兴趣的狭隘，始终只对视觉的东西感兴趣；一些人则只对言语方面的东西感兴趣。我们据此了解到，这两种人截然不同，哪怕在适应社会这方面，他们并没什么区别。我们难以在他们中间建立某种关联。这种抽象的方法只有一个目的，就是降低分类的难度。若我们未曾发觉这一点，这种方法就有可能导致混乱。

接下来，我们要探讨正常人，毕竟在评判变化的形式时，需要以正常人作为标尺。生活在社会中的正常人能从自己的工作中获得一些利益，因为其生活模式有着极强的适应能力，至于他的获利是否正好满足了他的意愿，暂时先不考虑。站在心理学的立场上，这种人有足够的勇气与精力可以战胜自己遭遇的种种困难与阻碍。可这两种能力却是患有心理疾病的人根本不具备的，其无法在心理方面对自己做出调整，以便适应每天的生活任务和工作，适应社会。

有这样一个病例，一个大约三十岁的男人经常在解决问题的最后时刻逃避。他始终认为，自己跟朋友难以保持长久的关系，并为此忧心忡忡。这些都是友情发展的不利元素，因为其中一个人一直很紧张。这决定了他只能结交一些见面时问声好的人，而与真正意义上的朋友绝缘。交朋友让他觉得很不适应，兴趣索然。他完全不愿意跟人交往，与人相处时，时常一句话也不说。这种情况表明，他根本没有自己的见解，因此，跟人相处时无话可说。

不仅如此，他还十分羞涩。每次讲话，他的脸都会发红。不过，要是他能战胜这种羞涩的情绪，那他再讲话时，就会有比较好的表现。可是他在这方面缺少的是他人的帮助，而非指责。而他那种紧张而胆怯的模样，根本无法得到朋友的欢心。他能察觉到这一点，以至于更厌恶讲话了。跟人接触时，将注意力都集中在自己身上，这毋庸置疑就是他的生活风格。

他除了社交和社会生活问题，还有职业问题。他一直害怕自己的工作完不成，为此废寝忘食地学习，变得相当紧张且疲倦，到了最后，只能辞去这份工作。

比较他对生活的两种错误态度，能发现他始终很焦虑。

由此可见，他十分自卑，严重低估了自己，同时相信无论是新环境还是其他人，都对自己满怀敌意。因此，他的所有行为都给人这样一种感觉：他所在的环境敌视他。

现在我们得到了足够的资料，可以描绘出他的生活风格。他集恐慌、焦虑、拘谨于一身，并期待自己能取得进步。只有在某些条件下，他才能前行一步，否则他宁愿一辈子远离这些讨厌的社交，甚至直接留在家里，这些我们都能看出来。

爱情婚姻问题是他遭遇的第三个问题。在这个问题面前，大部分人都没能做好充足的思想准备。他经常在跟异性往来时，表现得犹豫不决。他非常自卑，因此，尽管他觉得婚姻或爱情是自己心中向往的，但是并没有勇气正视自己的未来。他怀有这样的期待：任何事都可以跟自己的意愿相符。他的态度与行为全都能用一个转折的句式来概括，那就是："没错……但是……"他居然可以脚踩两只船，但是对精神病患者而言，这种情况并不稀奇。

接下来讨论这种生活风格的产生过程。对生活风格进行分析，是个体心理学的目标。四五岁时，个人的生活风格已经产生。这段时期，如果个人有一些惨痛的经历，也许会影响他的整个人生，务必要挖掘出这种惨痛的经历。也许是一些东西在他内心留下的印迹，让他对其他人不再怀有正常的兴趣。由于生活中的问题相当严重，因此，他觉得直接撤走比正视这些困难更好，这导致他变得怯懦而小心，时刻想着逃走，为此想尽办法。

有一点务必要明示，他也许是家中第一个孩子。家中第一个孩子拥有非比寻常的意义，之前曾提到过。在很长的时间内，他始终是全家的焦点，可他这种荣耀的地位，眼下已被另一个受宠之人取而代之，这便是在这种前提下出现的第一个问题。能够看到，不少不敢前进之人或是羞涩之人都会因其他人得到的宠爱更多，产生这一倾向。这就是这种患者的问题所在。

发掘问题的过程非常简单，我们一般只需问问患者："你在家里排行老大、老二，还是老三？"如此一来，我们所需的材料就拿到手了。要询问患者的早期记忆，还有一种方法可以采用，其跟上述方法截然不同，这种方法有着很高的价值，因为之前谈到的原型属于早期生活风格的组成部分之一，产生于这种最初的画面或早期记忆。一个人的早期记忆属于人性的真实组成部分。任何人的记忆中都包含着某些重要的事，以及某些并不重要的事。关于早期记忆的具体内容，在后面的章节会有详细解读。

一些心理学派做出了截然相反的假设：被遗忘的事才是最重要的。实际上，这两种看法还是比较接近的。对自己来说，个人也许并不清楚留在记忆中的事有何意义，以及自己的行为跟这些记忆有何关系，但他依旧可以说自己还记得这些事。这表明意识中某些记忆的意义已被遗忘或掩藏，无论怎样重点突出这种遗忘或掩藏，对于已经遗忘的记忆，依旧要加以重视。实际上，这两种结论并无区别。

对早期记忆的描绘相当透彻，就算描绘得不多，也有相同的效果。借助这一技巧，能够找出个人拥有怎样的生活风格。也许你会听到一个人说，童年时期，自己和弟弟经常跟妈妈一起去市场。这说明对他而言，弟弟肯定非常重要。在更深入的指引下，他也许能回想起，很快下起雨来，妈妈先抱起他，然后又把他放下，因为妈妈看到了弟弟，转而去抱弟弟。我们能从这种描绘中看出他有什么生活风格，他相信有个人比自己更受宠。我们据此就能说明，在与人共处时，他为什么不讲话这个特征。无论何时，无论何地，他都在留意究竟有什么人比自己更受喜爱。他在交朋友时，也会有相同的表现。他一直在忧心，朋友会喜欢别人，以至于一辈子都没交到一个真正的朋友。他疑心很重，有些事情明明微不足道，却成了他破坏友情的工具。

除此之外，他的惨痛经历是如何阻挠他发展自己的社会兴趣的，同样能被揭露出来。在他的记忆中，妈妈抱起了弟弟。由此可见，对于妈妈更关注弟弟这件事，他当时已有所感知。为了证明自己这种认知，他开始不断寻觅证据。他认为自己的看法绝对正确，因此深陷焦虑。他的努力并不能让他成为最受宠爱的人，这让他很不安。

对付这种疑心很重的人，只有一种方法，就是让他变成彻头彻尾的孤家寡人，让他变成全世界独一无二的，让他能不跟人竞争，就不跟人竞争。孩子偶尔会出现一种幻觉：全世界都崩塌了，只留下自己，没人会再跟自己争宠。他在寻觅各种可能的方法拯救自己，但是他却走上一条虚伪、不合逻辑、背离常识的路，即怀疑的路。他在自己那个异常狭窄的世界中生活。由始至终，他都在想着怎样逃走。对于其他人，他并无兴趣，彼此间也不存在关联。实际上，我们不应谴责他，他只是不正常而已。

调整生活风格的必要性

让这种人跟正常人一样，有社会兴趣，好好适应社会是我们的目标。具体该做些什么呢？这种人一直处在过度的焦虑中，且一直在寻觅证据，证明自己坚信的观点，这是其中最难解决的一点。先入为主的看法，彻底占据了这种人的头脑。要改变他们的看法，必须先扭转这一现状。为此，必须掌握一定的技巧。最佳做法是医生不宜对患者有太多的兴趣，双方不应建立太过紧密的关联。因为医生若直接对患者产生了兴趣，就会发觉自己之所以关注患者，不是基于患者的利益，而是基于自己的兴趣。除此之外，由于患者不会留意到医生有何反应，因此，患者在这种情况下，很有可能会满怀疑虑。

最重要的一点是减轻患者的自卑。彻底消灭自卑是不可能的，我们也不愿意彻底消灭自卑，因为自卑能刺激我们努力上进。我们务必要改变目标，因为大家逃避目标只发生于他们得到他人喜爱的时候，这点我们已经察觉，这属于观念情结。要减轻当事人的自卑，只能通过这样的方法：跟他说他太低估自己了。务必要告诉他，他时常做出一些行为，很不合理。他觉得自己处境危险，随时可能遭到伤害，一刻都不敢放松警惕。务必要让他明白，世界上并不存在这么多危险，他焦虑过度了。此外，还要让他明白，正是他生怕其他人比自己更讨人喜欢，妨碍了他以最佳形象示人，妨碍了他在工作中有出色的表现。

在社交场合中，一个人能否扮演好东道主这个角色，很好地接待自己的朋友。他若能因想到朋友的利益和兴趣感到高兴，并能高兴比较长的时间，就能大大改善自己的处境。可是在日常生活中，这种状况已经走形。他可能并无自己的观点，面对快乐，也不知如何享受，到了最后，他只会这样说："他们就是一帮愚蠢的家伙，无法引起我的兴趣，无法给我带来快乐。"

他极度缺少常识，也极度缺少个人智慧，因此无法理解事情，这就是他的问题。他离群索居，觉得自己是仅剩的一匹狼，周围全是敌人，一如我们之前所言。在人类所在的环境中，这属于一种变态且相当悲哀的生活。

我们再来研究一个抑郁症患者的具体案例。抑郁症是一种能够治愈的常见疾病，通常说来，在患者年纪很小时就能发现。实际上，在进入一个新环境后，不少孩子都会出现某些抑郁症症状，对此我们已经察觉到了。接下来要谈到的患者，出现这种症状大概有十多次了。每次换新工作时，他都会出现这种症状。可他若是一直做同一份工作，便不会有任何异常。他不愿走进社会，却想成为他人的统治者。等他到了五十岁，依然没有结婚，也交不到朋友。要研究他的生活风格，需要先对他的童年有所了解。哥哥姐姐们都听他号令，因为他自幼就十分好胜且敏感，不断突出自己很脆弱，且受了很多罪。四五岁时，他把哥哥姐姐全都推下床，自己在床上玩耍。姑姑因此教训了他，他却说：“因为你骂我，我的生活就快完全崩溃了。”

他的生活风格是不断抱怨自己受了很多罪，自己很脆弱，同时期待能做其他人的掌控者。这样的性格特征让他在之后的生活中患上了抑郁症。抑郁症也是一种软弱的体现。“我已一无所有，我的生活完全崩溃了。”抑郁症患者通常都会说这样的话。这种人受尽宠爱，因此，其生活风格当然会被与之相反的情况影响。

人类和动物都对环境有着十分相似的反应。尽管兔子、狼、老虎对环境有着不同的反应，但任何人对环境的反应都是相同的。有人做过这样的试验，把三个男孩带到关着狮子的笼子旁边，观察他们初次见到狮子这种可怕的动物时的反应。第一个男孩说：“我们还是回家吧。”说完，他转过身去。第二个男孩勇敢地说：“我一点儿也不怕。”可他实际上很怯懦，一边讲话一边哆嗦。第三个男孩说：“我能不能冲着它吐口水？我很想这么做。”我们在这个例子中发现，在相同的环境中，出现了三种不同的态度和反应，而大部分人都具备恐惧这一特征。

恐惧同样会在社会环境中体现出来。引发社会适应不良的原因，多半包含恐惧，其出现的频率是最高的。有这样一个人，他出身高贵，自己从不奋斗，只想着依靠别人。他因此变得相当怯懦，以至于根本无法找到工作。之后，他家道中落，兄弟们找到他，跟他说：“你真笨，真无知，连工作都找不着。”他从此开始酗酒，短短几个月便成了不折不扣的酒鬼。他还犯罪入狱，在那里待了两年。对他来说，这段牢狱生活是很有好处的。然而，这种好处只是暂时的，后来他又在毫无准备的情况下重返社会。出身名门的他只能去做体力工作，因为找不到其他的工作。很快，他出现了幻觉，觉得自己找不到工作，会被其他人耻笑。

起初，他找不到工作，是因为酗酒。之后，他找不到工作，是因为幻觉。由此可知，只让酗酒者清醒过来，根本于事无补，必须让其明确自己的生活风格错在哪里，然后加以改正。

对此人的调查显示，他自幼娇生惯养，因此一直期待得到他人的帮助。他根本没做好准备完全依靠自己的力量做一份工作，因此，当前的结果并不会让人意外。务必要让孩子们全都能做到独立，这是找出其生活风格的错误之处的唯一方法。为消除上文这个男孩在面对兄弟姐妹时的羞惭，应培训他参加一些活动。

◎

第五章

童年的早期记忆对一生的影响

接下来，我们来说说早期记忆。根据我们的发现，揭露原型生活风格的最好办法非记忆莫属。回想童年记忆是明确生活风格最关键的方法。要找出孩子或成人的生活风格，就应听听其有何怨言，再问问其有何早期记忆，最终再来检验一下他谈到的其他事是否符合他的早期记忆。

个人在被问到自己的早期记忆时，也许会说："我一点儿印象都没有了。"务必要让其集中精力，仔细回想。他也许会在努力过后，回想起一些事。他之所以会犹豫或拖延时间，是因为回想童年往事似乎让他很不情愿，这表明他的童年生活并不快乐。要得到我们所需的材料，必须为他提供指引、暗示，让他最终能回想起某些事来。

有人表示，自己甚至能回想起一岁时发生的事，这种概率是相当低的。这些记忆可能仅仅是想象出来的，并不真实。可是个人的人格既包括真实记忆，又包括想象出来的记忆。记忆是否真实并不重要。有些人执意相信，某些事并非自己回想起来的，而是从父母那里听说的。他们能把从父母那里听说的事情也铭记于心，因此，无论源头如何，这种记忆都是很重要的，能帮我们探究其有何兴趣。

童年记忆，是等待发芽的种子

人类已经证明了梦和想象带来的巨大的好处。人不管在梦中还是清醒时，都是一样的人。不过，梦中的社会压力要比清醒时小得多，所以梦中不存在戒备或是隐藏。可要深入了解别人的人生意义，记忆堪称最好的方法。无论多么简短的记忆，都足以记录过去某件有回忆价值的事。只有在自己的人生中至关重要的事，才会留在个人的记忆中。记忆会给人各种暗示：“这件事应该逃避。”“这件事是你期待的。”“创造你自己的生活。”我们都必须承认，任何记忆都具备纪念价值。

童年的早期记忆对于了解以下两点发挥着巨大的作用：一开始塑造个人生活风格的重要环境，以及这种生活风格维持的时间。原因有两点：第一点是早期记忆体现了个人对早期生活环境的综合记忆和评价，包含个人对自身相貌的认识，对自身最初概念的确定，以及他人对自己的要求等。第二点是早期记忆记录了人类最初的主观意识，以及自己给自己做的记录。所以从这些记忆中，我们能够感觉到当事人对自身地位的评价是危险且不堪一击的，而别人却评价他强大且安全，二者差别显著。站在心理学的立场上，人们是否会将这些记忆视为最初的真实记忆，其实无关紧要。记忆之所以重要，是由于人们对记忆的解释与定义，以及记忆对现在和将来的生活发挥的作用。

以下是关于早期记忆的几个案例，以及它们制造的人生意义。

“咖啡壶掉下来，我被烫着了，太惨了。”这就是生活，身边那些总是觉得孤独的女孩在描述自己的生活时，采用的都是这种方式，她们内心始终都在抱怨，其他人没有把她照顾好，对于这些不必感到惊讶。因为总有不少人十分粗心，把脆弱的婴儿置于危险的处境中。

还有一个关于早期记忆的案例，也出现了类似的情况：“我隐约记得，自己三岁时从婴儿车上摔下来。正因为这样，我经常梦见世界末日。半夜三更，我醒过来，看到地球就快撞到另外一个星球了，大火直冲云霄，还有星星坠落。不过，每次地球毁灭之前，我都会被惊醒。”此人在被问到最恐惧的事情是什么时表示：“是在生活中经历挫败。”早期记忆对她的影响在于，早期记忆与噩梦让她对挫败和灾难心存恐惧。

一个十二岁的男孩因晚上尿床，并常跟妈妈发生争执，被送进医院接受治疗。男孩在说到自己的早期记忆时表示："我藏进衣柜，妈妈却以为我失踪了，怕得要命，走到大街上，大声呼唤我。"从中能够推导出他的人生意义就是制造问题，通过这种方式赢得他人的关注。另外，他的安全感可以通过欺骗他人取得。一个人遭到忽视，却可以欺骗身边人，借助这种方式，以及晚上尿床，他把自己变成了别人关注的焦点。他妈妈的紧张和担忧让他相信，自己这样做是正确的。这个男孩跟此前的病例没有区别，他一早就觉得危险无处不在，只有让他人为自己担心，自己的安全才能得到保障。以这种方式向自己承诺，必然会有人在自己产生需求时为自己提供保护，这是他唯一的选择。

一个三十五岁的女士的早期记忆是这样的："我曾在十三岁那年，一个人到地窖里去。地窖很黑，我从楼梯走下去。比我稍大的堂哥忽然闯进来，让我大受惊吓。"从这段记忆中能看出，她性格孤僻，不喜欢跟朋友，尤其是异性玩。可以推导出，她是家里唯一的孩子，而实情就是这样。她一直保持独身，到三十五岁依然如此。

下面的案例体现了社会感的发展与进步："我记得妈妈让我推婴儿车，车里坐着我妹妹。"这暗示了她只有在跟年纪差不多的孩子共处时才会觉得快乐，还暗示了她对妈妈非常依赖。更小的孩子出生以后，父母要寻求更大的孩子跟自己合作，最好的方法是让其照顾弟妹。更大的孩子会因此对弟妹萌生兴趣，愿意保护弟妹。如此一来，就能避免更大的孩子觉得弟妹对自己的地位造成了威胁，抢走了父母的所有关注。

是否愿意跟某个人在一起，不能作为对此人有无兴趣的证据。一个女孩的早期记忆是这样的："我和姐姐出去玩，同行的还有两个女孩。"这个女孩明显是在学着跟其他人往来，但是"身边人都不理我"，成了她"最害怕的事情"。由此可见她内心的矛盾，以此为依据，能够判定她的独立性还不够。

知道了一个人有什么样的人生意义，自然就能掌握他所有的性格。有人说，人不能改变自身的性格特征，可这种人不过是因为没有学会相应的技巧。不过，我们也曾说，找不到错误的源头，再多的探讨和治疗都发挥不了作用。唯一可行的方法是找到一种方法，可以让这种人鼓足勇气，直面生活。合作是切实避免人们患上精神疾病、走出童年创伤的唯一方法。因此，应该鼓励孩子与别人合作，同时有针对性地对孩子的这种能力进行培训。无论何种元素，只要会对合作造成阻碍，就有可能引发恶果。举个例子，在溺爱中成长以至于自恋至极的孩子，进入学校以后，很可能对任何人都没有兴趣。他也许会对一门课程感兴趣，而这不过是为了让老师宠爱自己。他只会做能让自己获利的事情。这表明他缺少安全感，这对他的发展来说，绝不是什么好事。这种约束在他成年前夕，会变得越来越显著。到了这时，他已经失去了责任感和独立性，他的所有特征都完全无法经受生活局势的严峻考验。当他为自己的所作所为承担恶果时，应想办法帮他，而不是指责他。一个孩子若不曾学习过地理，我们就不能指望他能在该领域有什么成果。而一个孩子若不曾学习过合作，我们也不能指望他能顺利跟人合作。二者的道理是一样的。然而，要解决人类的一切问题，都必须借助合作。要完成一切工作，都必须借助对双方都有好处的合作。因此，只有先确定正确的人生意义在于奉献，才能让各种各样的问题得以解决。

若孩子在给予生活一种意义时犯的错误，能被一切心理学家、老师、父母理解，而且孩子不会再犯同样的错误，那对社会缺乏兴趣的孩子，必然能对自己的能力和机会保持乐观。他们不会在困难面前变得消沉，推脱责任，抱怨不止，或是满心自卑，摇尾乞怜，而会选择继续努力。他们会坚信自己是生活的主人，一定要履行自己的责任，即创立新的生活，并对此充满信心：只有我才有资格做开拓者！如果在实际生活中，每一个人都能跟别人合作，那人类社会必将因此获得不断发展的动力。

早期记忆的内容和意义

对早期记忆的分类可用来说明每一种特殊的人应采取何种行为。举个例子，有人记得这样一棵圣诞树，树上满是糖果、礼物和彩灯，非常漂亮。这件事哪里有意思呢？有意思的一点在于，这必然是他亲眼所见。他对我们提及他见过的一棵圣诞树是基于什么原因呢？原因在于，他只对视觉有兴趣。也许在视觉方面，他遭遇了困境，开始战斗，并有意训练自己注意看东西，兴趣便由此产生。不过，看东西仅仅是他生活风格中一种有意思且重要的组成部分，但并非最重要的组成部分。从中能够推导出，他也许会在挑选工作时，选那种需要动用眼睛的工种。

这种原理涉及分类，但学校在教育孩子时，往往会忽视这种原理。对视觉有兴趣的孩子不愿意听老师讲课，只愿看东西。我们发现这一点后，必须耐着性子，教育这种孩子使用自己的听力。在学校，不少孩子只对一种感官的活动感兴趣并从中获得教育。一些孩子也许长于视觉、听觉，一些孩子也许热衷于手工、运动。不同类型的孩子，会出现不同的状况。当老师偏心于某一种教学方法时，就更是如此了。举个例子，对长于听觉的孩子有好处的教学方法投入应用后，就会让长于活动、视觉的孩子觉得别扭，乃至发展受阻。

为解释这一点，不妨再举个例子。有个二十四岁的青年得了偶发性晕厥，他表示自己拥有这样的早期记忆：四岁那年，他听见了火车汽笛声，随后便晕了过去，即他听过一种声音，而且对听觉感兴趣。在此，我们只要了解一点， 就是幼儿时期他的听觉就很敏感了。至于他之后如何患上了偶发性晕厥，我们并未予以说明。他忍受不了尖锐的、不和谐的声音，以及噪声，这说明他必然拥有相当高的音乐素养，因此，不用惊讶他对汽笛有这么强烈的反应。成人和孩子都会因遭受了某一种痛苦，便对其产生兴趣。之前谈及有个人患有气喘病，他年幼时因某事被紧紧捆绑，压迫了肺，以致最终对呼吸方式格外感兴趣。

也许大家也能留意到，一些人的早期记忆必然牵涉到食物，因此，其只对食物有兴趣。这种人把吃看成全世界最重要的事，包括吃哪些东西，不吃哪些东西。他们之所以如此重视食物，往往是因为他们的早期生活出现了跟吃相关的难题。

接下来这个案例牵涉到走路与运动。有些得了软骨症或身体相当孱弱的孩子，都希望能加快自己走路的速度，甚至对走路生出了近乎变态的兴趣，这是因为一开始，他们走路不够灵巧。下面这个案例能为此提供充足的证据。有个五十岁的男人在医生面前发出了这样的怨言：他很怕跟其他人一起横穿马路，因为他总觉得他们都有可能被汽车撞到。可是他从不怕单独一个人横穿马路，他觉得这样很安心。他跟其他人一起横穿马路时，总想解救对方，抓着对方的胳膊，将其向右推、向左推，最终激怒对方。有时，我们也会遭遇这种案例，哪怕其并不那么普遍。我们需要分析是何种原因引发了这种愚笨的做法。

这个男人的早期记忆被我们唤醒，他表示，自己三岁左右时，曾得了软骨症，即佝偻病，走路跌跌撞撞，横穿马路时，两次遇到事故。眼下，他已成年，但还是觉得有件事对自己相当重要，那就是向其他人证明，自己已战胜了上述缺陷。他真正希望证明的是，唯有自己有能力横穿马路。他无论何时跟别人一起过马路，都会把握机会，向人证明此事。在大部分人看来，过马路显然再寻常不过，完全没必要跟人竞争。可这种患者却将其视为一种极为强烈的欲望。想采取行动和展现自身的行动能力这两种欲望，都包含其中。

还有一个罪犯的案例，这个犯过罪的男孩现在已改邪归正。过去，他做了一些坏事，比如逃学、偷东西等。他的父母已对他放弃了所有希望。到处流浪的状态，充斥着他的早期记忆。可时至今日，他却能每天从早到晚跟父亲一起工作。这个案例说明，可以对男孩采取这样的治疗方法：让他去父亲的公司里做推销员，整天在外面奔波。

早期记忆中最重要的组成部分，是童年时对死去之人的记忆。看见一个人死亡，孩子的内心将受到显而易见的影响。孩子可能会因此演变为变态，也可能不会。然而，受此影响，孩子可能会把毕生的时间都用于对死亡的研究，更有甚者，会竭尽全力跟疾病、死亡展开较量。在之后的生活中，孩子有可能变成化学家，也有可能变成医生，即他会对医学产生兴趣。在跟死亡较量时，他不会孤军奋战，而会成为其他人的帮手。由此可见，他在生活有意义的方面，设立了自己的目标。不过，原型在某些情况下也会变得自私至极。有个深受姐姐影响的男孩被问及以后的理想，其他人都期待他的理想是成为医生，结果他却说："我想去挖墓穴。"在被问及原因时，他表示："我愿意埋葬别人，不愿意被别人埋葬。"可见这个孩子在生活无意义的方面，设立了自己的目标，除了自己，他谁都不关注。

个人对某个方面的兴趣，也许会超过对其他方面的兴趣。举个例子，有个人表示："有一次我负责照顾妹妹。我把她放到桌子上，桌布缠住了她，她掉下去了，可我本想好好照顾她的。"这个人那时只有四岁，很明显，四岁的孩子太幼小了，没办法照料比自己更小的孩子。从中能够看出，尽管这个孩子极力想要为妹妹提供庇护，但是惨痛的悲剧却贯穿了她的一生。长大以后，她结了婚，她的丈夫十分和善、温顺，但是她总觉得丈夫会厌倦自己，于是对丈夫非常挑剔。能够想象，总觉得会被丈夫抛弃的她，必然会把感情都倾注到孩子身上。

个人的紧张，有时能清晰地展现出来。有些人或许还有印象，自己一度想过残害乃至杀死某些家人。这种人说到底，只对自己的事有兴趣，对于其他人并没有好感，只有排斥乃至敌视。实际上，这种感情在原型阶段就出现了。

有个案例的主角就是这种人。这个人一直忧心其他人正竭尽所能超越自己，所以他本人一直没能取得半点儿成果。他总是忧心自己的同事、朋友比自己更讨别人的欢心。正因为这种念头，他一直不能融入社会，不管在什么工作岗位上，他都表现得相当焦虑。在爱情婚姻问题上，他就更是如此了。

面对这种人，哪怕我们无法让他们彻底康复，也能让他们取得一些进步，这需要对他们的早期记忆进行研究。

我们曾治疗过一个男孩，他和弟弟一起跟随母亲去市场，结果下起了雨。母亲先抱起了男孩，之后又放下他，去抱自己刚刚留意到的弟弟。男孩因此产生了一种感觉，弟弟更得母亲的欢心。

一如之前所言，了解这些早期记忆能帮我们预测，患者在之后的生活中会有何种遭遇。不过，务必要铭记，早期记忆并非原因，仅仅是暗示。通过早期发生的事，还有在此基础上发展出来的早期记忆，能够了解要达成引导这个目标有哪些问题需要解决，并能说明个人对生活某部分的兴趣，超过了生活其他部分的原因。例如在性方面，他或许遭受过某些伤害，即他对性的兴趣超过了其他方面。一些人自幼便发现，对于性特征，自己怀有比对其他一切事物更浓厚的兴趣。对性的兴趣，是人类正常活动的一部分。只是这种兴趣有多种表现，程度不一，一如之前所言。一些人谈到了对性的记忆，这成了其之后在生活中的发展方向。最终，这种人无法过上称心的生活，是因为其对生活中的性强调过度，这种状况应该是很常见的。在部分人看来，胃是最重要的器官；在部分人看来，任何事都源自性。这类案例中的主角，其之后的性格特征都跟早期记忆存在关联，这点我们已经了解到了。

家中排行不同的孩子，有着不同的早期记忆

要理解以下情况，是相当困难的：无论哪两个孩子，哪怕是在一个家庭成长的孩子，都有着不同的成长环境。一个家庭的孩子们感觉到的气氛却是不一样的。起初，第一个孩子是家里仅有的孩子，是大家最关注的对象，跟弟弟妹妹有着显著的地位差别。可到了后来，家里第二个孩子出世了，第一个孩子便被挤下了第一的位子，这样的改变让其难以接受。他们这一生最悲惨的经历，可能就是永远都不能像过去那样威风了。这种突如其来的戏剧性变化，赋予了其原型一种悲剧色彩，这种色彩将出现在其成年后的性格中。从不少病例中都能看出，失败对这种孩子来说，堪称家常便饭。

在家庭的内部环境中，对待男孩与女孩的不同方式同样属于差异的一种。整体而言，就是在大家眼中，女孩无法做好任何事，男孩子却相当优秀。女孩在这样的环境中成长，将会始终相信，只有男人才能建功立业，终此一生，女孩都会犹疑不决，顾虑重重，畏难不前——这会成为她

们的习惯。

家里的第二个孩子，有着跟第一个孩子截然不同的成长环境。由于身旁一直存在一个很多时候都逊色于自己的榜样，因此，第二个孩子占据了相当特殊的地位。第一个孩子之所以逊色于第二个孩子，是因为二人的竞争经常会干扰第一个孩子，继而影响其在家里的地位。第一个孩子的逊色及其对竞争的恐惧，导致父母对他的重视不断减少，转而喜欢起了第二个孩子。而第二个孩子最初就以榜样作为自己的竞争对手，这种竞争从来没停过。第二个孩子反抗激烈，无论什么权威人物，都无法赢得其认同。其一切性格特征，都能从其在家里的独特地位中得到解释。

传说故事与历史都有记录，家里最小的孩子往往能力非凡。《圣经》里的约瑟便是其中的典型代表，他希望把所有人都变成自己的手下败将。离家数年后，他的父母又生了一个儿子，可这显然未曾改变他是家里最小孩子的地位，因为他从未见过自己的弟弟。这种内容存在于不少神话故事中，在这些故事中，家里最小的孩子都发挥着相当关键的作用。我们的研究包含以下两方面的内容：童年时期，他们如何发展出了这些性格特征；在得到更丰富的阅历后，他们的性格特征出现了何种转变。要让孩子了解原型错误影响了其生活中的所有状况，务必要让其明白童年时期发生了什么。唯有这样，孩子才能从头开始。

研究早期记忆的方法意义非凡，以此为依据，便能理解原型，继而据此对个人人格展开研究。我们的观察和知识全都表明，早期记忆是原型的一部分。我需要列举一个案例，让这种阐述更加明确。比如第一种孩子，即存在生理缺陷的孩子，其胃部功能有问题，他的所见所闻必然跟食物存在一定的关系，除非他已经把自己的所见所闻都忘了。再举一个例子，一个左撇子的孩子也许会被左撇子这种习惯影响自己的观点。此外，还有很多例子，比如妈妈又生了个小弟弟，或妈妈以前很宠自己，或自己如何被脾气暴躁的爸爸殴打，或自己在学校遭受了同学的欺负等。若我们能了解观察这类案例有多重要，那么这些都会成为颇具价值的资料。

要有强大的同理心，才能理解早期记忆。同理心要求我们能够把自己当成孩子看待，能够感知主角童年时所处的环境，这属于理解的艺术。唯有借助同理心，才能感知在家庭中，孩子因更小的孩子出世，内心受到了何种重要的影响，才能了解易怒的父亲在孩子心目中，究竟是怎样的一种形象。

被溺爱或虐待的孩子

部分孩子从童年到成年，始终处在溺爱之中。接下来，我们就对这种孩子的早期记忆进行研究。早期记忆宛如镜子，能把个人性格特征照得一清二楚。一些人时常提及自己的妈妈，尽管这十分寻常，但实际上却暗示了这样一件事：他一定要借助努力，来取得自己梦想得到的地位。某些情况下，早期记忆看似不值得留意，其实却很有分析的价值。举个例子，有个人说："我独自待在房中，妈妈正站在橱柜边上。"他提及妈妈看似再寻常不过，却提供了相当关键的信息。有必要对他妈妈的情况做一下猜测，因为在谈及妈妈时越是含混不清，真相就可能越是错综复杂。你若向他提问，他会说："在我的印象中，有一回，我出去旅行。"这时，你就该问他："你跟什么人同行？"他也许会说："我妈妈。"如果一个孩子表示："在我的印象中，我曾在某年夏天来到某地的一座村庄。"我们也许就能猜到这个孩子跟妈妈同行，至于他爸爸，还在城市里上班。因此，不妨这样问他："你跟什么人同行？"如此一来，便能看到他母亲发挥的潜在影响。

在对上述早期记忆进行研究期间，我们能发现这样一种特征：极力抢夺别人的关注。在这种情况下，就能研究在成长期间，孩子对赢得母亲的关心有多重视。对这点进行研究是相当重要的。

原因在于，若成年人或孩子表示自己对这种事还有印象，必然说明他觉得其他人比自己更受欢迎，或觉得自己正处在被威胁之中。他的内心会被这种日渐显著的忧郁占据。这表明他在之后的生活中，会变得充满忌妒，这是相当关键的。

举个例子，有个男孩考上了高中，让大家觉得匪夷所思。他不停地活动于各个地方，不愿安安静静地学习。连老师都很怀疑，他究竟在做些什么。本应用来学习的时间，却被男孩消磨在朋友身边或咖啡馆里。了解他的早期记忆，是一件相当有趣的事情。也许他会说："我对自己躺在摇篮里时发生的事还有印象，当时我注视着墙壁，墙上贴了有多种图案和花纹的墙纸。"由此可见，他天生只适合躺在摇篮里，不适合去考试。因为他根本不能在学习方面集中自己的注意力，而一直把其他事当成自己的研究对象。他时刻想着一次抓两只兔子这种难以达成的事。可见这个孩子受到了溺爱，不能依靠自己的力量去工作。

接下来，我们再就一种相当极端、罕见的孩子的类型进行研究，这就是被仇视的孩子。若生活刚刚开始，一个孩子就时常处在他人的仇视中，那他就会难以生存，也许会早早死去。从某种意义上说，孩子通常都能从父母、保姆那里得到满足和溺爱。可绝大多数被仇视的孩子要么是弃儿，要么是罪犯的孩子，要么是私生子。这种孩子的早期记忆往往包括被仇视的感情，这会让其感到压抑，变得萎靡不振。

举个例子，有个人表示："我妈妈在我逃走前，不停地指责、打骂我，打我的屁股。"逃走途中，这个人险些溺水而死。后来，他去咨询心理学家，因为他觉得，待在家里是自己唯一的选择。他的早期记忆告诉我们，他在外出时遭遇危险，这在他脑海中留下了永恒的记忆，因此，他时常忧心外出会遭遇危险。他是个相当聪明的孩子，却一直觉得很恐慌，唯恐自己考不到第一名。他还经常犹豫不决，进步对他来说相当困难。他总算考上了大学，却很担心跟人竞争时，无法遵循符合要求的方式。以上便是他的早期记忆中跟危险相关的内容。

另有一个案例，有个孩子一岁时便父母双亡，成了孤儿。他得了佝偻病，之后，他被送进孤儿院。在那里，他未能得到关怀和良好的照顾。在之后的生活中，他很不擅长跟同事、朋友往来。在回想这些事时，他一直觉得跟自己相比，其他人更受欢迎。这种感受在他的成长中发挥着相当重要的作用。无论面对何种问题，他都会遭遇这样一种阻碍：自己正在被人仇视。他能感受到，要解决自己在工作、友谊、婚姻、爱情等方面的问题，必须跟别人密切往来。然而，生活中的一切状况与问题却都将他摒弃在外，至于原因，就是他很自卑。

另有一个很有趣的案例，有个四十七八岁的已婚中年男子，一直在抱怨自己失眠。他对人非常苛刻，就像独裁的暴君一样，时刻想着掌控其他人。对自己的太太和孩子，他更是如此。到了最后，所有人都很反感他。

在被问及自己的早期记忆时，他表示，在自己很小的时候，父母就不停地争吵，还经常彼此恐吓，乃至动起手来，这让他惶恐不已。他上学之后，经常浑身脏兮兮的，因为父母都不管他。在一节课上，有个女老师来代课。这是一位对工作满怀信心与热忱的女老师。她从这个被仇视的孩子身上发现了一种可能性，据此给他鼓励。这是他生平第一次被人这样亲切对待，便从此振作起来。但他的这种成长，似乎只建立在其他人的促进的基础上。他工作起来能一直到半夜三更，废寝忘食。对于自己会变得更优越这件事，他深信不疑。

从那以后，他养成了一种习惯，将大部分时间都用于工作，只拿出半个夜晚休息。他有时候彻夜难眠，一直在想自己准备做什么工作。他最终相信，只有彻夜工作，才能取得一定的成果。

之后，他对自己家人的所作所为、对自己家庭的态度，都是对他的优越欲望的表现。他好像成了家里的独裁者，因为家里的其他人全都比他弱小。面对他的各种做法，他的太太和孩子只能选择忍耐。

总体而言，我们对他的性格评价如下：他拥有优越的目标，拥有极强的自卑感。焦虑之人同样拥有优越的目标，觉得自己可以成功。这种人的自我否定被优越情结隐藏起来了。而他所谓的优越情结，不过是一种优越的态度。该情结的实质，会在早期记忆研究中暴露无遗。

◎

第六章

从举动与态度
来分析人的性格

前面章节通过童年早期记忆和想象，阐释了个人隐藏的性格和心理问题。可这仅仅是众多研究性格的方法中的一种。通过其中一部分来阐释总体原理，是这些方法的共同之处。早期记忆以及种种举动与态度，都能成为我们观察的对象。通过这些生活风格可以了解他们的童年，它们深刻影响着每个人的总体生活方式，进而影响着他们的一生。

举动

我们对某个人的评价取决于此人的动态、站立和走路的姿势、言谈，这点众所周知。尽管我们可能不会有意对某个人做出评价，但是无论何时，上述印象都是我们对其感到厌憎或同情的源头。

站立的姿势

谈及个人站立的姿势，大家必然会想起成人或孩子站立时，是弯着腰还是直着腰。要格外关注一些过火的姿势，一个站得过于笔直的人，可能花费了大力气，才展现出这样的站立姿势。从中能够看出，跟他自己感觉到的或他的实际面貌相比，他所展现出的形象是否高大很多。尽管这其中有没有优越情结作用于他并不重要，但是答案会彰显出来。他是不是想在表现自己时，表现得更多或更勇敢？实际上，即便他不那么紧张，也会有这种表现。

站立的姿势还有萎靡不振、弓腰驼背之类截然相反的表现。从某种意义上说，这些表现表明此人很懦弱。可是只有这项证据还不够，还需要寻觅其他证据，毕竟我们这门学科与艺术是以谨慎为原则的。纵然我们对自己很自信，觉得自己断然不会犯错，但我们还是期待能从别的方面得到证据，以证实我们的判断。我们会这样问：“在艰苦的环境中，弓腰驼背之人会做些什么？这种人是否以相当懦弱之人为主？”

倚靠的姿势

对倚靠的姿势进行研究，也许能发现一些人时刻想要倚靠什么东西，一把椅子、一张桌子等都可以。这种人对自己的力量信心不足，期待能得到他人的援助。这种姿势同样展现了一种心理，在这方面，与站立的姿势、弓腰驼背的姿势没有区别。由此可见，这两种姿势从一定程度上说，为我们的判断提供了证据。

比较独立的孩子跟希望得到庇护的孩子，有着不同的姿势。一个孩子的站姿和他跟人接触时的姿势能够反映他独立的程度。对此不必太过质疑，因为要证明该结论，我们已掌握了充分的证据。我们要在自己的判断得到证实后，马上开始扭转孩子的错误，引导其走上正轨。

我们可以为那些非常想得到庇护的孩子做这样一个试验。让孩子的妈妈坐在一间房里的一把椅子上，之后，让孩子到这个房间里来。我们会看到，孩子对其他人连看都不看一眼，径直来到妈妈身边，倚在她身上或椅子上。我们能做出这样的猜测，他也许想让他人帮助自己，而他的所作所为，都为此提供了证明。

观察孩子跟外部世界的往来同样十分有趣，因为这种往来的方式能够体现出他适应社会的程度和社会秩序的遵循。不合群、少与人为伍的人，在其他情况下，也可能十分冷酷、严肃、沉默寡言乃至一言不发。

选择座位

在上述各种情况中，出现了一种相同的现象。任何人都会以整体方式对生活做出反应，因为任何人都属于一个整体。例如一位女士来找医生看病，医生估计她会坐到最靠近自己的地方。结果她却在听到医生要求她坐下时，东张西望了一番，最后坐到了远离医生的地方。根据这一点，我们能够判断出她只希望跟一个人建立关系。根据她说自己已婚，能够推导出她性格如何。能够看出，她想获得丈夫的宠爱，除了丈夫，她不想跟任何人共处。独处时，她会陷入严重的焦虑。丈夫规定了她回家的时间，她会遵守这一要求。交朋友在她看来并没有什么意思。无论何时，她如果想要外出，都不希望独自一人。简而言之，我们可以根据她的某种身体动作估测她的整体行为。不过，为我们的理论做出证明的方法，还包括别的形式。

也许她会向我们表示："我正处于焦虑之中，因此遭受折磨。"可是任何人都无法理解这句话的含义，只有一种情况除外，就是此人明白这种焦虑能掌控个人或变成武器。能够想象，患有焦虑症的成年人或孩子可以从别人那里得到帮助。

有一对夫妻这样表示，他们思想自由，可以在婚姻中做任何自己想做的事，只要彼此坦白即可。丈夫向妻子坦白， 自己经常出去寻花问柳，妻子就会相当满意。可是妻子之后就会变得焦虑，必须要有丈夫陪伴才肯外出，独自一人便不肯出去。由此可知，恐慌与焦虑带来的束缚，连自由的思想都摆脱不了。

有些人不够独立，勇气不足，会通过以下姿势表现出来：要么倚靠着墙壁，要么逗留于墙壁附近。不妨分析一下这种怯懦、犹疑之人的原型。有个男孩在学校表现得相当懦弱，这表明他不喜欢接触旁人，这是一种相当重要的情况。他一直在盼着放学，连一个朋友都交不到。下楼时，他会靠着墙，慢慢往下走。来到大街上以后，他会一路跑回家。他并不是好学生，成绩很差。他在学校的墙壁包围中， 体会不到半分快乐。他的妈妈是个寡妇，身材瘦小，对他宠爱有加。回家陪在母亲身边，是他一直以来的心愿。

医生为了打探到更多的情况，来跟他妈妈交流。医生问：“他是不是喜欢睡觉？”“不喜欢。”“夜里他会不会哭？”“不会哭。”“那他会尿床吗？”“不会。”医生觉得自己和这个孩子之间，必然有一个人犯了错。可是医生相信，这对母子睡觉时，肯定是在同一张床上。医生的结论有何依据？依据便是如果这个孩子夜里经常哭，是为了引起妈妈的关注。如果妈妈跟他睡在一起，那他再哭，就是多此一举了。而尿床同样是为引起妈妈的关注。这对母子的确睡在一起，医生的推测是正确的。

心理学家会留意到任何微不足道的事，生活内容的一部分便是由这些事组成的，这一点通过仔细观察就能发现。目标能帮我们做出很多判断，举个例子，上面这个案例中的孩子的目标便是建立跟母亲的密切关联。我们能据此推导出，孩子的意志够不够强大，不够强大就表明，他没有能力制订合理的生活计划。

态度

接下来要对心理态度进行研究。在人类身上，心理态度有着显而易见的表现。畏缩与好斗者大有人在，可我们从未见过真正的畏缩之人。真正的畏缩出现的可能性很小，因为它违背了人类的天性。正常人不会畏缩，有畏缩心理说明这个人还要进行更艰苦的斗争。

勇敢和胆怯

家里最受关注的孩子常有畏缩的念头。原因在于，所有的家人都会给他提意见，都在关注他，推动他前行。他给大家带来了沉重的负担，因为他要生活下去，绝不能缺少身边人的帮助。借助这样的方式，他想实现掌控他人的目的，这种意愿就是他的优越目标。这种优越目标以自卑情结为源头，一如我们之前所言。若非对自身力量有所怀疑， 他也不会选择如此简单的方式来追逐成功。

有个十七岁的男孩是家中的长子，他的畏缩就基于这个原因。之前谈到，第二个孩子出生后，第一个孩子便不再是家人最关注的对象，他的生活会变得不快乐。这个男孩就是如此，他变得很焦虑、很忧郁，去找工作，却找不到适合的。一天，他萌生了自杀的念头，随后去看心理医生。他对心理医生说起了自己前一天晚上做的梦，他梦到自己开枪杀死了父亲。能够看出，这种人长时间在心中谋划着做某事， 却一直很懒散、很忧郁，未能付诸行动。而那些一事无成、懒散的成人，以及在学校的孩子，全都处于危险的门口。这种懒散通常仅限于表面，可这种人会在真的发生某事时，变成精神病患者、精神紊乱之人，或产生自杀的念头。要透彻了解这种人的心灵，也许是一项难度颇高的科研工作。

怯懦会让孩子面临巨大的危险。遇到怯懦的孩子，务必要为其提供良好的治疗，帮助其改正不足，如若不然，就会葬送其一生。战胜不了怯懦，这样的孩子会遭遇数不清的困难。我们的文化是这样的，圆满的结局和生活的获益都要通过求助于勇敢之人来实现。在危险面前，怯懦之人会朝生活无意义的方面发展。而勇敢之人却不会遭受太严重的挫败。在之后的生活中，怯懦的孩子也许会变成精神病患者或精神失常之人。这种人都过度自卑，会逃避跟外人往来，就算跟人往来，也会一言不发。

前文解释了心理特征，心理态度并非源自遗传，或是与生俱来的，其仅仅是对环境的反应。生活风格会在种种问题面前为统觉做出解答，这是其特色之一。可是这种解答没有缜密的逻辑，满足不了哲学家的期待，不过是错误指引与童年生活共同作用的结果。

在反常之人和孩子身上，如何发展形成了这种态度，我们都已明白。然而，我们却看不清其在正常人身上的发展过程。至于这种态度发挥影响力的过程，我们都已知晓。原型阶段的生活风格比之后的生活风格更简单，也更具体，一如我们之前所言。原型在这一影响的过程中，好比尚未完全成熟的果实，会吸收空气、养分、食物、水分等各种各样的东西，这些全都在原型发展过程中被吸收。生活风格与原型的差异，跟熟透的果实与还未成熟的果实的差异类似。切开还未成熟的果实进行检验，相对容易一些，其中包含的很多信息，到了成熟的阶段依然可以应用。

举个例子，有个孩子在生活早期的种种态度中，表现出了自己的懦弱。跟勇猛好斗的孩子相比，这个孩子显得很不一样。勇猛好斗的孩子从一定程度上说，具备某种勇气，即所谓常识自然引发的结果。可是有时候或在特殊条件下，非常懦弱的孩子同样能有英雄般的表现，这种表现可能出现在他想夺得冠军时。这点能借助以下案例得到清楚的说明。

有个不会游泳的男孩接受了其他孩子的邀请，跟他们一起去游泳，结果险些在深水处溺水身亡。这自然有别于真正意义上的勇敢，属于生活无意义的方面。男孩期盼其他孩子能救自己，他仅仅是为了赢得大家的钦佩，才冒这样的风险。

对命运的执着

懦弱与勇敢从心理角度来说，都涉及对命运的执着。对命运的执着也许会影响我们积极行动的能力。有些人的优越感表现在他们觉得自己可以做任何事。这种人对任何事都有一定的了解，却不愿深入去学习。这种人最后会如何，我们都很清楚，不用明言。这种有优越感的孩子，在校期间的成绩可能很糟糕。而有些愿意冒险的人相信，失败和危险都跟自己无缘，然而，他们取得的成果却无法让人满意。

遭遇巨大的危险，却幸运地活下来，在这种情况下，同样会出现对命运的执着。举个例子，在一起严重的事故中的幸存者，会觉得自己生来就拥有一种好运，能够取得更大的成就。有个男人心底就存在这种念头，但之后的一次经历彻底打破了他的这个念头，导致他精神不振，勇气尽失。

他在被问及自己的早期记忆时谈到了一件事，对他来说，这应该是相当重要的一件事。他原本要去维也纳一家剧院看戏，可是有件事需要他处理完，然后才能去戏院。抵达戏院时，他看见剧院已在燃烧的大火中倾塌了，所有人都没能逃出来，只有他幸免于难。他据此断定，自己生来就会成就非凡。他之后的生活一直很顺利，直到他婚姻失败，从此，他便萎靡不振了。

对命运的执着有何意义，可供描绘的内容有很多。这种执着会影响一个人、一个民族、一种文明。而我们只想解释这样一件事：个人的成败与他的生活风格、心理活动的动机有着千丝万缕的关系。

对命运的信仰，有的人总是选择逃避，不愿直面事实，不愿遵循积极向上的生活这条路线，因此他的心理支柱只能是虚无缥缈的。

◎

第七章

关注问题孩子和他们的教育

怎样教育问题孩子，是至关重要的社会话题。在这方面，个体心理学贡献良多。学校教育和家庭教育有着相同的目标，就是指引、培养个人的个性。心理学是恰当的教育技巧必不可少的基础，或者说教育整体上属于广泛的心理学艺术的分支之一。

问题孩子的童年时期

有个五岁男孩的案例。男孩的妈妈向医生抱怨，每天夜里，自己都会累得一点儿力气都没有了。她为男孩耗费了自己所有的时间，男孩没有一刻能安稳下来，她为此烦恼不已。她表示，自己已对这孩子忍无可忍，想将他赶出去。

借助这些行为的细节，我们能轻而易举地了解这个孩子，并跟他进行换位思考。如果这个五岁的孩子属于活泼过度的类型，那么找出他的行为依据，对我们来说没什么难度。一个异常活泼的五岁孩子可以做些什么？他也许会把很脏的东西当成玩具，也许会穿着沉重的鞋爬到桌子上。如果妈妈想读书，他会把电灯打开、关上，这样玩儿个不停。如果爸爸妈妈想唱歌、弹琴，他又会怎么做呢？他也许会说，自己讨厌噪声，或捂住耳朵大叫。他要是得不到自己想得到的东西，就会把自己的意愿对外展现出来，展现的方式就是发火。

若他在幼儿园这样做，我们就能据此推导出，他之所以采取这些行为，不是因为他想挑起矛盾，就是因为他想找人打架。他整天闹个不停，把他的爸爸妈妈折磨得筋疲力尽。而他之所以要这么闹，是希望得到周围人的关注。他有别于他的爸爸妈妈。只要是他不喜欢的事，他就不愿意做。他的字典里从来没有“累”这个字。

这个孩子极力想要赢得周围人的关注。对于他的问题，另有一件相当特殊的事可做出清晰的解释。一天，这个孩子被爸爸妈妈带去观看一场音乐会。台上的表演进行到一半时，这个孩子忽然在音乐厅里兜圈子，还大叫着：“爸爸啊！”一些人也许早就猜到了，这个孩子会这么做。他的爸爸妈妈并不清楚他为何要这么做，可是依然觉得他很正常，对他的举动不以为然。

从某种意义上来说，这个孩子的确很正常。他很聪明，为自己的生活制订了计划，一切行为都是为了实现自己的计划。若能理解他的计划，肯定能想到他会履行该计划。

我们能猜到，他有着强大的意念，因为若没有强大的意念，就无法制订这种能展现个人智慧的生活计划。

他妈妈每回举办晚宴或招待客人，他都会抢着坐客人想坐的椅子。如果客人已经坐到了椅子上，他会把客人推开。这表明他的行为跟他的生活原型、生活目标达成了统一。他的生活目标是希望自己成为爸爸妈妈的焦点，即掌控、超过其他人。

由此能够断定，他先前曾被溺爱，他原本可以不这么吵闹。然而如今，他已失去了宠爱。这是为什么呢？因为比他更小的孩子出世了。五岁的他也许要进入一种新环境，他因此觉得自己面临失宠的威胁。他极力挽留自己受人关注的地位，这种地位现在已不属于他了。这就是他时刻缠着爸爸妈妈的原因。除此之外，还有一个原因，就是他在被溺爱的环境中，未能建立集体意识，以致无法好好适应社会生活，做好充足的准备，应付新的环境，对于自己得到的或失去的，他一直耿耿于怀，他的兴趣便是自己，除了自己，他谁都不关注。

我们问这个孩子的妈妈，他对弟弟怎么样。他妈妈说，他跟弟弟一起玩耍时会打弟弟，把弟弟打倒在地，其他的情况下，他不会打弟弟。他妈妈坚信他对弟弟怀有喜爱之情。可我们实在无法赞同他这种做法是表示了他对弟弟的喜爱。

刚刚谈及这两个孩子不是时刻都在打架。要深入理解这个男孩的行为有何意义，不妨对他的行为和有着很强攻击性的孩子的行为进行比较。这个男孩明白，爸爸妈妈禁止他们打架，一个这么聪明的男孩绝不会不听话。因此，他越来越循规蹈矩，最终不再跟弟弟斗来斗去。可是他的恶习并未改正，依旧会在跟弟弟玩耍时打弟弟，将弟弟打倒。而把弟弟打倒在地，正是他的目的所在。

这个男孩对自己的妈妈又如何呢？妈妈打他的屁股，他会说根本不痛，有时还会笑起来。妈妈下手稍重，他就不出声了，但这种情况只能维持片刻，他的老毛病很快就又发作了。无论他做什么事，全都为达成一个目标，他的行为全都以该目标为依据。需要留意，他有着相当清晰的目标，因此要预计他的做法，对我们来说大概不成问题。而若我们无法理解原型运动的目标，那原型便谈不上一个整体，再预计他会采取何种做法，对我们来说就不可能了。

试着想象，面对生活这个孩子会有何种表现。要是爸爸妈妈又带他去参加音乐会，他会有何种表现，以及在幼儿园期间，他又会有何种遭遇，这些我们都能猜出来。整体而言，他会在相对困难的环境中尽量做领导者，在相对简单的环境中尽量做掌控者。他无法长期待在老师很严厉的幼儿园中，他会想方设法逃离。也许每天从早到晚，他都觉得烦躁不堪，因此既憋闷又头疼，而这些正是神经官能症的早期症状。而处在他觉得舒适快乐的环境中，他便会相信大家都在关注自己。这时的他是彻头彻尾的胜利者，到了学校，或许他还能成为学生们的首领。

作为一种社会机构，幼儿园也有它的社会属性，这点大家都了解。所有人都要准备好遵从集体的规章制度。必须要将孩子们培养成对这个小小的集体有意义的人。而要成为有意义的人，首先要将更多的兴趣放在其他人身上，而非自己身上。

在公立学校中，也会出现相同的环境。我们同样能假设公立学校的孩子会遭遇何种状况。上面这个男孩若进了私立学校，应该不会有什么困难，毕竟私立学校学生少，他能得到更加全面的照顾。在这种环境中，他是问题孩子这件事，也许根本不会被人发现。学校还有可能反过来这样评价他："这个学生是最出色、最聪慧的。"在家的时候，他也许会有不同的行为表现；而在班里，他也许能成为首领。也许只有一处表现出众，就足以让他感到满足了。

能够确定，任何上学后行为得以改变的孩子都能从学校中得到优越感。等到工作以后，其同样会占据优势。可是与之相反的状况，即在家里很听话，到了学校却表现得相当糟糕，才是常见状况。

之前谈到，学校处在社会与家庭的中间地带。借助这个原理，能了解进入社会生活以后，这个孩子会遭遇怎样的问题。社会生活不会为他提供良好的环境，而学校偶尔会这样做。大家总是很困惑，为什么有些孩子在学校、在家里都表现得相当聪明，但到了社会生活中，却一事无成。当前就有些问题成人，他们都得了神经官能症，之后也许会演变为精神病。他们成年之前，没人理解他们，因为他们的原型都被良好的环境掩盖了。

尽管我们很难从良好的环境中找到隐藏的错误原型，但我们至少要意识到其是存在的，若能掌握相应的技巧就更好了。以下症状都属于错误原型的表现：一个孩子把自己弄得非常脏，他没什么社会兴趣，但总想着浪费他人的时间，具体方式就是吸引他人关注。夜里，他会尿床、哭闹、拒绝睡觉。他经常以焦虑作为自己的武器，因为他发觉其他人看到他很焦虑，也许就会被迫答应他的要求。这些情况全都发生在良好的环境中，从这些症状出发得出的结论，应该是正确的。

家中排行不同的孩子，生活环境和境遇的区别

在此，我们最好能再复述一遍个体心理学的诊断方法，因为在对孩子的治疗教育中，首要工作便是对孩子的生活风格做出诊断。在教育以外的领域，对生活风格做出诊断，同样具有很高的价值，可是该阶段却只属于教育的基础阶段。

除了直接研究孩子生活风格的建立过程外，个体心理学还会采取以下方法：推导孩子在家里的出生顺序，对其动作、体态进行观察，询问他们对于将来的职业怀有怎样的想象，询问他们拥有何种早期记忆，诸如此类。这些方法我们都探讨过了，但是由于孩子在家里的地位跟教育发

展的关系密切程度超过了其他方法，因此，再度重点突出孩子在家里的地位是很有必要的。

在一段时期内，第一个孩子是家里仅有的一个孩子，但在之后的生活中，他失去了这一地位，这就是为什么孩子在家里的出生顺序至关重要。第一个孩子一度享有很多权利，可到了最后，这些权利他都失去了。而其他孩子的心理状态也取决于自己并非第一个孩子的身份。

第一个孩子往往会被一种保守观念左右，即掌权者应维持自己的权利。他们把失去权利视为偶发事件，对权利推崇至极。第二个孩子却是截然不同的状况。他们在成长期间并非大家最关注的对象，在他们前边，还有一个榜样人物。跟这个榜样人物并驾齐驱，是他们一直以来的心愿。他们对权利并不认同，期待权利转移到其他人手中。他们把竞赛视为前行动力的唯一源头。因此，大家将看到，始终注视并极力追逐前方的目标，好像就是他们采取的行为。改变自然规律与科学规律，是他们一直以来的期待。他们属于真正意义上的革命者，但不是表现在政治上，而是表现在对待兄弟姐妹、社会生活的态度上。《圣经》里的以扫与雅各[1]，堪称其中的最佳代表。

而家里最小的孩子和第一个孩子有着相似的处境，最小的孩子出生时，前面几个孩子都已长大。心理学领域有这样一种观点：最小的孩子在家中占据的地位相当有意思，除了他，不会再有别的孩子，无论何时，他都是最末尾的那个孩子。所谓最小的孩子就是这个意思，而他跟第二个孩子的相似之处，也在于此。第二个孩子也要经历第一个孩子的悲惨遭遇，失去自己原有的优越地位。而最小的孩子的地位却是最优越的，因此，他永远不会有这样的遭遇。在其他条件都一样的前提下，成长得最出色的会是最小的孩子。他对超越哥哥姐姐们满怀激情，他跟第二个孩子的相似之处就在于此。在前方，还有榜样等他超越，但相较于他的家人，他选择了一条不一样的路。生意人家庭中最小的孩子，也许最终会做诗人。科学家家庭中最小的孩子，也许最终会成为生意人或音乐家，总之有别于其他孩子。最小的孩子更倾向于往与众不同的方向发展，以避免跟其

1 以扫和雅各是《圣经》中的一对孪生兄弟，其中，以扫是家里的第一个孩子，雅各是第二个孩子。雅各骗取了以扫的长子身份，以及长子继承权，以扫因此对他怀恨在心。为了争夺继承权，兄弟二人反目成仇。后来，二人重归于好。——译者注

他孩子在相同的方面展开竞争。这表明他往往会选择跟其他孩子不一样的方向，从某种意义上说，也表明他不够勇敢。满怀自信的人会直接选择相同的方向来表现自身才能。

现在我们预测孩子在家里的地位，采取了可能性这种方式，这其中并不包含必定会出现的情况，这点需要明确。非常聪明的第一个孩子不会经历那种或许会出现的悲惨经历。原因在于，这种孩子有着极强的适应社会的能力，不会因第二个孩子而被抑制。或许是妈妈帮第一个孩子拓展了兴趣，让其对包括初生婴儿在内的其他人产生了兴趣。而不会被抑制的第一个孩子，会让第二个孩子的处境异常困难，这是从另一个角度得出的结论。这也许会对第二个孩子造成阻碍，这种孩子也许将频频丧失勇气，丧失自信，从而变成最糟糕的孩子。大家都了解，无论何时，孩子都要对胜利怀有希望，因为孩子若在竞争中失去了这种希望，就将一无所获。

独子的整个童年都处在全家的关注下，维持这种地位，成了他们生活的职责所在。对他们而言，这是很悲惨的。独子的思考方式并非依据逻辑，而是个人生活风格。举个例子，一个家里只有一个男孩，其他都是女孩，男孩就将面临相当恶劣的处境，很多问题也将由此产生。这个男孩也许会被大家评价为像女孩，这种说法有夸张的成分。实际上，任何人在成长中，都要接受女性的教育。在成员多为女性的家庭中，必然会出现一些困难。根据家里的秩序、声音、陈设，就能快速判断出家里是男孩多，还是女孩多。女孩多的家庭总体而言更整洁，男孩多的家庭会有很多东西被弄坏。

男孩在女孩多的环境里成长，会尽可能表现出更多的男性特质，甚至会夸大自己那些属于男性的性格特征，以此避免向自己的姐妹靠拢。这种男孩通常不是十分狂放—其好像是在对自己的男性身份加以突出或证实— 就是十分怯懦。

在多个兄弟之中成长的唯一的女孩，也会处境艰难。她也许会在成长的过程中效仿男孩，也许会表现得相当文静，具备女性的典型特征。在这样的环境中，她会有显著的自卑感。她是这个环境中仅有的女孩，而在其中占据上风的，是她的那些兄弟。在她认为自己不过是个女孩的感觉中，潜藏着自卑情结。在“不过是”这几个字中，自卑情结得以充分展现。从中能够看出，她极力在衣着上向男孩靠拢，且会在之后相信，男性应拥有的性关系，自己也应拥有，这些都表明她的优越情结在对她进行补偿。

对孩子在家里的地位问题的探讨，就进行到这里。我会列举一种特殊案例，作为探讨的终结。这种案例是这样一种家庭状况：家里第一个孩子是男孩，第二个孩子是女孩，由始至终，两个孩子都处在异常激烈的竞争中。女孩在发展的道路上很被动，这不仅仅是因为她是家里的第二个孩子，更主要的原因在于她是女孩。她要想有出色的表现，就必须做出巨大的努力，因为她在家排行第二。她非常独立，也非常有精力，在跟哥哥的竞争中，不断向哥哥靠拢。男孩也察觉到了这一点。大家都知道，女孩的智力、身体都比男孩发育得早。举个例子，同样是十二岁，女孩就远比男孩成熟。男孩也许会因此自卑，放弃竞争，放弃努力，选择逃避，因为他们不明白为什么会出现这种情况。一些男孩会走上艺术的道路，以实现逃避的目的。不过，也有一些男孩会变成精神病患者、罪犯，会失去竞争的勇气，变得神经过敏。

这个问题相当严重，很多人都无法为此提供解决的对策。我们要让男孩知道，女孩之所以能超过他，原因在于女孩付出了更多的努力，在努力的过程中，她还发现了哪种成长方式更好。要尽量把这样的兄妹放进没有竞争的环境中，以免竞争氛围太过浓厚。

个体心理学有一项任务，就是适应社会，这看起来很矛盾，可矛盾仅限于字面含义。要明白社会因素毋庸置疑的重要性，必须先留意每个人具体的心理活动。个人之所以能成为个人，必须是在一定的社会背景下。在我看来，社会心理学与个人心理学是一样的，即便其他的心理学都会将二者区分开，也不会影响我的观点。我一直都在对个人生活风格进行探讨和分析，这种分析包含着社会性见解，以服务于社会作为目的。

这种分析要进行下去，并要以社会适应问题为重点，加以突出。我们接下来要探讨的问题，同样是这种情况。只是我们不会去探讨生活风格的诊断问题，而要探讨生活风格本身和稳定推进的方式。

在前一节中，我们探讨的核心是对教育问题的分析。而我们要分析社会问题，就要在此基础上进行。幼儿园、学校是小型社会机构，在对形式进行简化后，就能研究社会适应不良这个问题了。

原生家庭

学校的组织形式与源头，决定了学校跟民族、跟社会理想之间的关系，这点大家都看到了。可是站在心理学的立场上看，这种关系会让教育机构获利良多。心理学将教育最重要的责任确定为，教人学会怎样适应社会。更接近民族需求的不是家庭，而是学校。在学校，孩子们得不到溺爱， 他们喜欢什么是一回事，学校喜欢什么又是另外一回事。学校让孩子们学习社会知识，是一种比较简单的事。学校通常都会保持客观的态度。

除此之外，家庭中往往有着浓厚的社会理想氛围。家庭中充斥着传统思想，能通过许多案例得到证明。父母要先以身作则，好好适应社会，同时了解教育的目的必然带有社会性，然后才能推动教育的发展进步。要让孩子为上学做好充足的准备，要让其接受正确的教育，父母必须先了解以上问题，这就好比学校为了学生适应日后的生活角色，要求其做好充足的准备一样。学校应处在国家与家庭中间， 而学校与家庭中间的地带，便是学生的成长地带。

四五岁时，孩子已经在家庭中建立了稳固的生活风格，要直接改变这种生活风格，几乎是不可能的，这点之前已经探讨过了。当代学校的发展路线由此确定下来，学校不应惩处、责骂学生，而应致力于教育、培养、规范学生的社会兴趣。学校的着眼点不应是检查、逼迫，而应是为学生的个性问题提供解决的对策。

由于在家庭内部，父母和孩子有相当紧密的关系，因此，我们很难让父母站在社会需求的立场上教育自己的孩子。父母往往会根据自身需求教育自己的孩子，导致孩子拥有了一些背离之后的生活环境的特征。如此一来，孩子刚刚进入学校时，就会遭遇严重的阻碍，这是不可避免的。这些阻碍会在他们离开学校，独立生活后，不断给他们增添麻烦。

为避免这种情况的出现，对父母进行教育就变得很有必要了。可是这种举措很难推行，毕竟我们无法用教育孩子的方式对成年人进行教育。即便我们能接触成年人，也会发现他们对民族理想缺乏兴趣，他们跟传统有着太过紧密的关系，以至于完全不愿理解民族理想。

在父母这里毫无成果，我们只好四处宣传，期待能有所收获。我们的最佳目标是学校，因为学校有大批孩子，孩子有什么问题，做老师的可以理解，孩子错误的生活风格在家里不那么明显，可到了学校就很明显了。

如果是正常孩子，我们不用为他们费心。能好好适应社会，并得到充足发展的孩子，可以在生活有意义的方面培养优越感，并利用正确的方法，寻求自身目标。因此，应让他们自己选择前行的道路，不要压制他们，在所有对待他们的方式中，再没有比这更好的了。不过，由于他们的优越感是在生活有意义的方面，因此，这并不属于优越情结。

而罪犯、精神病患者、问题孩子却在生活无意义的方面同时拥有自卑感与优越感，他们利用优越情结对自己的自卑情结做出补偿，这是其中最重要的表现。正如前文中所言，任何人都拥有自卑感，而这几种人却在自卑感的作用下，感到自己十分缺乏勇气，由此产生了自卑情结，同时在其推动下，将生活无意义的方面视为自己关注的对象。

一切优越与自卑所引发的问题，在孩子上学之前的家庭生活中就已暗藏危机。他们本身的生活风格，就形成于该阶段，我们称其为原型，并与成人的生活风格区分开。原型即尚未成熟的果实，若这种果实遇到问题，例如长出了一条长长的虫子，那么在果实不断成熟的过程中，虫子也会不断长大。

“问题”有哪些表现

器官的生理缺陷通常都会引发自卑。这些问题会在后面详细讲到。在此，我要说明一下，器质性自卑并非引发问题的根本原因。根本原因在于，这种自卑会在之后的发展过程中引发社会适应不良。教育从中得到了这样的机会：利用器质性自卑，训练个人适应社会，这种自卑对个人而言并非问题，而是一种大大有利于他的东西。某些兴趣显然源自器质性自卑，这类兴趣经过某种程度的练习，就能发展起来，甚至足以对个人的整个人生造成影响。这类兴趣在前行的过程中，若能遵循有意义的方向，那么对个人而言，就会意义非凡。

可是任何问题都是建立在以下基础上的：器质性问题必须符合适应社会这一需求。由此可知，若一个孩子只对听或看感兴趣，那么为了让这个孩子跟其他孩子同步发展，老师便要承担起这样的责任：帮这个孩子培养对某一器官的兴趣。

除了存在器官生理缺陷的孩子，另有不少被溺爱的孩子也会在进入学校后遭遇问题。尽管偶尔会出现一位善良的老师对学生很宠爱以及类似情况，但一个学生要想时刻受到关注，是学校这种教育方式所不允许的。每一年，孩子都会升到更高的年级，他们得到的宠爱终将不复存在。在之后的生活中，他们会遭遇更糟糕的处境。因为我们的文明不允许出现以下状况：一个人什么贡献都没有，却能始终得到众人的关注。

问题孩子都具备某种特质，面对生活中的难题，他们想不出好的对策。他们想做领袖，不过完全是为了自己，不是为了代表社会。通常情况下，他们都野心勃勃。他们还常常仇视别人，跟别人发生争执。他们因对生活中的事物缺乏兴趣而变得胆怯。他们在溺爱中过完了自己的童年，以至于还没为应付生活中的事做好充足的准备。

犹豫与谨慎是我们在这种孩子身上发现的另一种特征。他们无法做好任何事，因为他们做不到直面生活带来的难题，或在难题面前，总是非常焦躁且迟疑。

在学校，这些特征能得到比在家时更清晰的展现。在学校，孩子能否解决自己遭遇的问题，以及能否跟社会相适应，都将对外展现出来。在家庭生活中，错误的生活风格往往会被勉强掩饰住，但在学校生活中，问题却暴露无遗。

器质性自卑的孩子和被溺爱的孩子有着共同的期待，就是消除生活中的困难。强烈的自卑压抑了他们的勇气，让他们不敢直面困难。但是我们可以循序渐进地推动孩子战胜困难，这要求我们对学校中的困难程度进行调整。可见，学校的确能开展教育，而不仅仅是为教育提供场所。

我们不光要考虑上面这两种孩子，还要考虑被仇视的孩子。无论从哪个角度看，这种孩子都没有准备好面对社会，他们或是有身体残疾，或是有性格障碍，或是相貌丑陋。上学期间，被仇视的孩子遭遇的困难，在这三种孩子中是最严重的。因此，学校管理必须做到以下这点：无论官员、老师愿意与否，都要对这些困难展开观察，找到最佳解决办法。

除了以上这几种孩子外，问题孩子还包括人称天才儿童的那种孩子，他们都聪明绝顶。这种孩子看起来智商很高，因为他们在方方面面的表现都远超过其他孩子。他们野心勃勃，且相当灵敏。其他孩子很快就能发现，他们适应社会的能力很强。因此，其他孩子对他们只有钦佩，没有喜爱。

天才儿童都能圆满完成学业，但在进入社会时，他们为生活所做的准备并不充足，这点大家都了解。在生活的三个重要问题——爱情、婚姻、职业面前，他们会遭遇种种难题。在先前的几个阶段中他们遭遇的难题，现在更加显而易见，这便是他们未能好好适应家庭的后果，现已呈现在我们眼前。他们错误的生活风格会在新环境中暴露出来，但是在之前的家庭生活中，他们一直过得相当顺利，可见这种错误在当时一直被隐藏着。

有一点非常有趣，最先发现这些问题存在关联的是诗人。不少剧作家、诗人都在自己的故事、剧本中谈及某些生活问题，问题本身复杂至极，在以下这种人身上得以展现。莎士比亚塑造的诺森伯兰伯爵便是其中的代表。莎士比亚作为心理学方面的大师，将诺森伯兰伯爵设定为这样一种人：他对国王忠心耿耿，却在真正的危险降临时背叛了国王。莎士比亚明白，真正的生活风格只会暴露于异常艰苦的环境中。不过，这种生活风格并非诞生于异常艰苦的环境中，而是在许久之前就已确立。

社会理想及学校

在这节开头简单说几句，最重要的教育原理是教育必须符合个人之后即将面临的生活。由此可见，教育必须跟民族理想达成统一。如果在教育孩子时，未能将民族理想定为目标，那孩子作为社会成员，就有可能在之后的生活中遭遇种种阻碍，更有甚者，他们将无法融入社会。

民族理想毋庸置疑是能改变的。民族理想的改变可以是突如其来的，例如在某次革命过后；也可以是逐步走向完备的，跟社会的发展同步。可见无论何时，从事教育工作的人都要找准自身定位，要胸怀广阔，并要教育他人正确适应环境的改变。

受政府影响，社会理想在学校体制中展现出来。学校和政府的关系如何，决定了社会理想和学习的关系。政府无法直接干涉家庭或父母的工作，却能关注学校，以维护政府利益。

历史上各个时期的社会理想，都体现在各个时期的学校中。欧洲的学校在精神方面原本属于贵族阶级，因为其是专门为贵族家庭开设的，只招收贵族学生，对他们进行教育。后来，教会接收了学校，学校变成了宗教学校，由牧师担任老师。随着社会的发展，人们所需的知识不断增加，学校需要增加科目和老师的数量。除了教士、牧师外，其他人也开始做老师，因为教会已无法满足学校对老师的需求了。

在现代之前，老师并非全职，还需要兼职做裁缝、鞋匠等工作。兼职的老师显然只能提供棒子、鞭子之类的教育。在这种学校中，孩子极易遭遇难以解决的心理问题。

欧洲最早具备现代精神的教育，出现在裴斯泰洛齐[1]时期。裴斯泰洛齐发现，除了棒子与惩罚外，教育还有多种方法。我们从裴斯泰洛齐处得到了一个非常宝贵的信息，就是学校的教育方法相当重要。有了正确的方法引导，任何智力没有问题的孩子都能学会唱歌、写字、读书、算数、

1 裴斯泰洛奇（1746—1827），瑞士著名教育家，提出了“教育心理学化”的理论。——译者注

演练。我们不能说，我们已找到了最佳的教育方法，毕竟教育方法仍在不断发展进步。我们选择了一种恰当、正确的态度，即不断寻找更出色、更新鲜的教育方法。

有一点要留意，追溯欧洲的学校史，我们会发现教育方法发展到一定程度后，社会便会对这样一种工人产生需求：不用给他们太多指引，他们就能阅读、写字。“让任何一个孩子都可以读书”，是那时出现的口号。时至今日，这个口号已变为现实。这实际上是对经济社会条件下的社会理想的展现，是由经济生活条件决定的。

过去，欧洲社会只对劳动力、官员有需求，唯一具备影响力的是贵族。除了即将继承高位的人能接受高等教育外，其他人根本不能接受任何教育。从这种教育制度中，也能看出那时候的民族理想。现在的教育制度则跟一种截然不同的民族理想相符，孩子在现在的学校里可以自由活动，不用安安静静坐着，把双手放在膝头。现代学校的老师和学生是朋友，学生不用被迫服从或被权力压制，可以将自身独立性发挥到更高程度。

对问题孩子的治疗方法

个体心理学针对天才儿童和问题孩子提出了相同的治疗方法。个体心理学家认为:“任何人都能完成某一件事。”天才儿童因为这句包含着民主精神的话，变得黯淡了许多。大家对天才儿童怀有很高的期望，对他们相当信任，因此，天才儿童往往会在旁人的推动下，身不由己地向前迈进。个人若相信个体心理学家上面这句话，就能培养出更聪明的孩子，且能避免孩子变得充满野心与傲慢。这种孩子明白，自己能有所成就，是基于幸运与磨砺。若这种良好的训练能继续下去，那么其他人做不到的事情，他们就能做到。若他们能从老师那里学到正确的方法，就能取得好成绩，哪怕他们并未得到充足的教育，并未做过充足的练习，也不会对此造成影响。

可这种孩子同时也拥有显而易见的自卑，可能会丧失勇气，因此，绝不能触碰他们的自卑。没有人能够长时间忍受丧失勇气带来的折磨。可以想象，这些孩子在学校期间，并未遇到很多困难，却已经吓得屈服了。在他们看来，自己上学的前景并不光明，以至于不愿上学或直接逃学。他们这种做法既聪明又恰当，只要我们能正确对待他们的状况， 就应承认这一点。可是个体心理学无法认同他们的看法：自己上学的前景并不光明。个体心理学并不认为所有人都能把有意义的工作做好。我们将不断犯错，不过，我们也能改错。孩子只要能改正错误，就能继续发展下去。

对这种问题进行处理，往往很不简单。做妈妈的十分关注自己的孩子在学校这种新环境中遭受打击，还有可能因此陷入焦虑。若到学校以后，孩子遭受了迥异于家里的责备与评价，上述情况就会进一步恶化。孩子在家表现出色，因为其受尽宠爱。而到了学校，孩子有完全不同的表现，是很常见的。孩子会觉得，自己被先前宠爱自己的妈妈骗了，因此抱怨妈妈变了，不能再帮自己了。进入新环境以后，孩子之所以会觉得焦虑，是因为他忽然失去了先前的宠爱。

在学校，孩子表现得好像非常压抑，一句话也不说。回到家以后，他却会变得很兴奋，这种情况是很常见的。他妈妈也许会去学校，告诉老师：“这孩子不停地打架，我每天从早忙到晚，就为了处理他的事。”然而，老师却表示：“他可以坐一天都不动弹。”与之相反的情况也有可能出现。妈妈说："这孩子很乖，很讨人喜欢。"老师却说："他把全班都搞得乱七八糟。"要理解后一种情况，其实很简单。在家里，孩子备受关注，因此表现得很谦逊，很安静。可在学校，他失去了关注，就会跟人打架，或有其他类似的行为表现。

举个例子，有个八岁的女孩，她很受同学欢迎，在班里担任班干部。她爸爸这样告诉医生："这孩子暴躁至极，就跟虐待狂一样，我已经忍无可忍了。"这是什么原因呢？只有没有能力的家庭，才会被一个孩子搅乱。由此可知，这个女孩是这个没有能力的家庭的第一个孩子，她在第二个孩子出生后开始打架，因为她觉得自己的地位受到了威胁，打架是维持关注的唯一方法。然而，到了学校，她受到了很多关注，不用再打架了，就有了相当出色的表现。

一些孩子在学校会遭遇问题，在家里同样会遭遇问题。家里对他们有怨言，学校也对他们有怨言。到了最后，他们就会犯更大的错误。有些孩子无论在学校还是在家里，都表现得很糟糕。我们在探究原因时，必须把已发生的事作为切入点。无论何时，我们都要全面思考这些孩子在家、在学校的所作所为，以便确定他们的问题是什么。对我们而言，要对他们的努力方向、生活风格有正确的了解，就要重视其中每一个组成部分。

即便是适应能力良好的孩子，有时也会难以适应新学校的新环境。这种情况在他被学校老师、同学仇视时，是相当常见的。欧洲历史上有个很有名的案例，一个孩子并非出身贵族，却进了贵族学校，因为他的父母自视甚高，又很有钱。他的同学都因他不是贵族出身，对他很是轻蔑。先前，这个孩子一直生活在溺爱中，他的生活是非常舒服的。眼下，他却忽然发现，自己成了别人仇视的对象。同龄人对他做出的残忍之举，其他人难以想象，他觉得完全无法忍受。他将这视为一种羞耻，从不对自己的家人提起。他独自默默忍受着这些异常可怕的考验。

到十六岁或十八岁时，这种孩子就要正视生活、社会的种种问题，跟成人没什么两样。他们会忽然停止前进的脚步，只因他们已丧失了生活的希望与勇气。而失去发展能力会导致他们在爱情婚姻、适应社会等问题上遭遇阻碍。

面对这些问题，我们该如何应付？他们无法找到发泄自己精力的途径，觉得全世界都在孤立或排斥自己。他们很有可能会自杀，会通过伤害自己，以达到伤害他人的目的。

还有一种人，丧失了原先拥有的多种社会生活能力。在精神病院中，他们变得绝望，不再跟世界对抗，不再跟其他人往来，或跟正常人一样讲话，这便是精神紊乱或精神分裂。我们要帮他们，必须找到方法，让他们重塑自信。尽管要拯救他们颇具难度，但并非不可能。

我们总说，一切生活问题，究其实质都属于社会问题。在政治经济生活、朋友、学校、幼儿园等多种环境中，都有对社会问题的展现。我们要将能力全部进行社会性集中，就是为了服务于人类，对此不必有任何质疑。

原型阶段，适应社会的能力匮乏这个问题就已产生，这点我们已经了解。我们需要解决这样一个问题：如何对这些错误及时加以纠正？这些都是相当严重的错误，我们要教父母做好预防，教父母对原型那些微不足道的错误加以诊断，并教父母如何纠正错误。可是这样做基本没什么效果，因为只有很少的父母愿意学习，并预防错误，大多数父母都对教育、心理问题兴趣索然，他们仇视所有觉得他们的孩子有半分不好的人。他们对孩子不是溺爱，就是漠不关心。家长根本不能有效纠正、预防孩子的错误。而要让他们在很短的时间内正确认识一切问题，同样不可能。我们要让他们知道我们知道的问题， 要为他们提供意见，这些都需要花费大量的时间。最佳解决办法是让一名心理学家或内科医生为家长提供治疗。

教育与学校也能像心理学家、医生一样，取得最佳成效。原型错误往往会在孩子进入学校后，对外展现出来。了解个体心理学方法的老师，能在较短的时间内找出原型错误。一个孩子是否在极力发展自身，赢得大家的关注，能不能跟人友好往来，缺乏勇气和充满勇气的孩子分别有哪些，上面这种老师都能分辨出来。接受过良好培训的老师只用一周时间，就能找出原型错误。

从社会影响的性质出发，在能发现并纠正学生的错误这件事上，老师的能力更突出。人类之所以设立学校，是因为家庭无法为满足社会需求，给予孩子足够的教育。孩子的性格很大程度上是在学校形成的。学校是对家庭的拓展，在学校中，孩子要学习应付生活问题的方法。

问题的关键在于，学校老师应具备心理观察能力，否则无法恰当担负起自身职责。个体心理学将为未来创建的学校提供依据，因为学校真正的目的在于发展个性。

三个生活问题

接下来分析一下，这些有原型错误的孩子，在之后的生活中，即在十七八岁将要成人时，会遭遇何种问题。在他们背后，出现了一片面积广大的贫瘠之地。我们对这片贫瘠之地缺乏清晰的认知，因此很难做出评价。找出生活目标与生活风格，对我们来说颇具难度。可是只要一个人进入生活中，就会遇到爱情婚姻、职业、社会这三个重要的生活问题。种种跟我们密切相关的关系，就是这三个问题的源头。其中，社会问题是由我们对人类和人类未来的态度、我们对其他人采取的行为方式共同构成的。社会问题关系到人类的救赎和生存，因为人类寿命有限，只有跟他人合作，才能延续自己的生命。

孩子在学校中的行为，能为推导他们的职业问题提供依据。找工作期间，一个人若觉得自己比其他人更高级，那他必将发现找工作会相当困难。没有一份工作，可以不跟其他人往来，不被其他人约束。而我们提到的这个人只关注自己的利益，因此，让他去做一份受制于人的工作，会让他觉得很有难度。除此之外，他在公司中往往会辜负他人对自己的委托，因为他完全不会为了公司利益而放弃个人利益。

总之，社会适应能力是完成一项工作的基础。以下都属于相当有利的元素，包括在工作中了解客户、邻居的需求，切身体会他们的感受，倾听他们，他们看什么，我们就去看什么。任何人只要能做到这些，就肯定会超越其他人。然而，我们提到的这个人完全做不到这些，因为他只留意个人利益。他的学习能力仅能满足他发展自身的需求，因此，在职业领域，他所面临的往往都是失败。

我们经常发现有些人在开始工作之前，并未做好准备，或是要到很久之后，才能承担某些工作。三十岁之前，他们一直在虚度光阴，不了解自己该做些什么。他们不停地换工作，学习新知识，这表明他们根本没有能力做任何工作。

我们也会发现有些十七八岁的年轻人，虽然很勤奋，却对自己该做些什么感到茫然。我们应体谅他们，但最重要的是说服他们对自己的职业规划展开思考。他们能从头开始，进行恰当的学习，重新培养对一些事物的兴趣。

若到了这样的年纪，个人对自己之后要从事什么职业依旧一无所知，确实是个大麻烦。这样的人很有可能什么事都做不成。学校、家庭应在他们未到工作的年纪时，就极力推动他们为日后的职业规划进行思考。为了完成这项工作，学校不妨让学生写一篇题为“我未来的工作”的作文，或类似题目的作文。他们能通过写这种作文，对工作问题有清晰的认知。如若不然，等到他们必须面对这个问题时，也许就太迟了。

我们最后要探讨的是爱情婚姻问题，年轻人都不可避免会遇到这个问题。这个问题相当重要，否则人类便不会有男性和女性的区别。因此，我们不得不学习如何跟异性沟通。在后面的章节中，我们会对爱情婚姻问题做一些探讨。在此，我们仅仅探讨社会适应和爱情婚姻问题有何关系。个人若缺少社会兴趣，就会难以适应自己的职业，也会难以跟异性沟通，这是自然的。有着强烈排他性的人不会为进入夫妻家庭生活做任何准备。性本能最重要的目标在于，把停留在异常狭小的自我世界中的人拉出来，让其做好准备，跟社会生活相适应。然而，站在心理学的角度看，我们在半路上就会遭遇性本能这个问题，要让性本能自身应该具备的作用妥当发挥出来，我们必须先放弃融入更加广阔的世界。

眼下，我们能就我们研究的这个男孩，推导出结论了。我们发现，他在生活三个重要的问题面前，畏惧失败，对未来毫无信心，并为赶走所有生活问题不惜倾尽全力。他依然怀有优越的目标，但是他究竟还剩下什么呢？充满疑虑的他受到孤立，对人怀有仇视，不愿参与社会活动。他的外形特征全都跟精神病患者差不多，不修边幅，不在乎其他人对自己的印象如何，因为他对其他人根本没有兴趣。他不愿利用语言，可语言属于社会需求，这点众所周知。他变得寡言少语，而这正是精神分裂的特征。他在自己和一切生活问题中间设下了一道阻隔，因此，他只剩下走向精神病院这唯一的出路。他已不再是正常人，因为他的优越目标使他有一种超脱的孤立，而他的性驱力也被修改。他展现自身优越目标的方式包括，偶尔幻想自己是耶稣基督，幻想自己能飞到天上去。

◎ 第八章

婚姻美满是
治愈童年创伤的良药

婚姻要求的是有能力为对方思考，对对方加以关注。

因此，为恋爱、婚姻做准备的第一个步骤是学习跟其他人往来，以及跟社会相适应。我们为这种普遍性准备所做的练习应始于童年早期，结束于成年之际。这种练习跟性本能相关，其目的在于，在家庭、婚姻中满足正常的性本能。从早期建立的原型中，我们能找到恋爱、婚姻的能力以及发展动向。以观察原型特征为切入点，能找到成年以后的生活将遭遇的种种困难。

成为社会人，是美好婚姻的前提

在一般社会生活中会遭遇何种性质的问题，在恋爱、婚姻中就会遭遇何种性质的问题。这两种情况还会遭遇相同的困难，实现相同的目标。有人认为恋爱、婚姻让人仿佛进入了天堂，心满意足，其实这种看法是错误的。我们应该把恋爱、婚姻的全过程都看成一种工作，要时刻把对方的利益放在心上，才能完成这种工作。

我们要在恋爱、婚姻中站在对方的立场上为其考虑。这应该有别于一般的社会适应，要具备更多的能力和同理心。若说只有很少的人准备好了跟家庭生活相适应，那么其根本原因就在于，大家并未学会完全站在对方的立场上，用眼去看，用心去感受，用耳朵去听。

在之前的几章中，我们重点探讨了一些自幼便只关注自己对其他人没有兴趣的孩子。我们根本不指望这些孩子的性格会随着其身体性本能的成熟忽然出现改变。他们完全没有做好准备跟社会生活相适应。同样的，他们也完全不知道该如何应对恋爱、婚姻。

社会兴趣只能以相当缓慢的速度发展。只有从童年早期便开始学着培养社会兴趣，且始终在生活中有意义的方面努力，这样的人才能具备社会感。因此，要了解某个人是否已经准备好跟异性共同生活，是很简单的。

要将生活有意义的方面作为观察的对象，这一点绝不能忘记。个人只要位于生活有意义的方面，就能勇敢面对生活中的难题，寻求解决的办法，满怀信心与勇气。这种人可以跟邻居和睦共处，有朋友和同伴。而在我们看来，没有上述特征的人就没有准备好应付恋爱、婚姻，归根结底，这种人并不值得信赖。除此之外，能在工作中不断进步，且已建立事业的人，同样应该已经准备好了进入婚姻。

在了解社会兴趣的实质时，我们发觉要把恋爱、婚姻问题处理得最好，就要满足一个前提，就是双方实现绝对的平等。其中的重点在于平等交往的关系，而不应其中一方对另外一方尊重、重视得过了头。爱情有很多种类型，然而，只借助爱情就想解决问题，是不可能的。务必要给予爱情正确的方向，才能让婚姻走向圆满，而这要求双方建立这样一种关系：彼此实现恰如其分的平等。

婚后，无论男方还是女方尝试成为对方的掌控者，到了最后，都会以灭亡告终。若准备结婚时怀有这种念头，同样是错的。在之后的婚姻生活中，这些都将被验证。没有人能在婚姻中成为征服者，征服者在婚姻中无法立足。婚姻要求的是有能力为对方思考，对对方加以关注。

选择婚恋对象
与自己的童年背景有着紧密的联系

接下来探讨婚姻生活不可或缺的特殊准备，这涉及培养社会感，对此我们已经了解。学习如何吸引异性这种本能也包含在培养社会感中。实际上，每个人从童年阶段就开始在心中建立自己最喜爱的异性形象。男孩最喜爱的异性也许会以自己的母亲为原型，因此，他也许会想找一位酷似自己母亲的伴侣。男孩跟母亲的关系有时会陷入一种焦虑的状态，让人感到不悦。这种男孩可能会想找一位跟自己的母亲截然相反的伴侣。总之，男性跟自己母亲的关系，与其在未来生活中挑选伴侣的方式存在相当紧密的关联。连头发颜色、身材、眼睛之类的细节，都有对这种关联的体现。

如果母亲一直对儿子怀有控制的欲望，想让其听命于自己，儿子就有可能失去直面恋爱、婚姻的勇气。因为他心目中的最佳异性形象是那些温顺、柔弱的姑娘。不仅如此，在之后的婚姻生活中，要强的男孩还有可能想掌控自己的伴侣，更有甚者，还会出现家暴问题。

童年展露的一些特征在爱情问题上是如何被加重、加强的，在这里得到了体现。能够想象，饱受自卑情结困扰之人在性问题面前，会有何种表现。他们也许会觉得胆怯，频频表露出自卑。其他人提供的帮助，对他们来说是很有必要的。这种人最喜爱的异性，通常都带有妈妈的性格特征。此外还有一种可能性，就是这种人会在爱情中表现出跟自己的性格截然相反的好胜与自大，通过这样的方式，他让自己的自卑得到了补偿。他也许会选一个要强的姑娘，与她进行激烈角逐，最终征服她，以此为荣。而他若缺乏勇气，那在挑选异性时，也许会觉得自己严重受限。

无论男女，都无法以这种方式取得成功，这是毋庸置疑的。只有最愚蠢的人才会借助性关系，让自己的优越情结或自卑情结获得满足。然而，这却是一种相当常见的状况，认真观察就能发现，不应借助性关系来实现某一目的的道理，有不少人都不理解。这些人的另一半都会被牺牲掉。若一对爱侣都希望征服对方，那到了最后，他们必将分手。

在了解了一个人借助性关系满足自身情结后，我们就能对其挑选异性时的怪异方法做出较为深入的解释。在对这些情况做出解释时，若借助其余原因，必定会给人一种难以理解的感觉。一些人在挑选异性时，会选年龄大的或身体柔弱的，原因就在这里。因为挑选这样的异性，会让这些人觉得做起事来更简单。有些人遇到问题，不愿去解决，典型的表现就是希望找已婚的人做伴侣。还有人会在恋爱期间脚踩两只船。

一个人若饱受自卑情结的折磨，便无法完成一件事，不愿正视问题，且会不停地换工作。个中原因是什么，我们已经了解。在遭遇爱情的问题时，这种人也会做出类似的行为。他们会同时跟两个人或跟已经结婚的人谈情说爱，以使自己惯常的行为特征得到满足。除此之外，自然还会表现为不停地向根本不可能的结婚对象示爱，或与之订婚。

被溺爱的孩子在婚姻中会有相当显著的表现：他们想让自己的另一半满足自己继续被溺爱的心愿。这一点在最初求爱或婚后几年内不会造成危险。然而，此后却会引发相当复杂的状况。两个被溺爱之人婚后会有何遭遇，能够想象得出来。两人都希望对方溺爱自己，却不愿意溺爱对方。好比两个人都不愿意给予对方，却又觉得对方无法理解自己，站到了自己的对立面。

个人被剥夺了自己的行为，并遭到他人误会时，个人会遭遇何种问题，大家可以想象得出来。他会产生自卑感，萌生逃避的念头。这种感受在婚姻中，会带给他更大的痛苦。等他陷入绝望至极的状态后，就更是如此了。他会在这种情况下，想到报复。出轨是搅乱伴侣生活最简单易行的方法。出轨之人往往会以感情与爱作为帮自己辩解的托词。可是出轨通常属于报复的方式，不应拿感情来辩解。众所周知，感情有其价值，感情本身跟优越目标是统一的。

可列举一位被溺爱的女士的案例，为该问题做出解释。这位女士的丈夫在结婚前总觉得自己的权利被弟弟抢走了。这位女士甜美、温柔，是一位独生女，可想而知丈夫有多喜欢她。在孩子出生之前，他们的婚姻一直相当美满。孩子出生之后，他们的生活会是什么样的，能够想象。做妻子的想得到家人的关注，生怕孩子抢走自己的地位，因此对生孩子没有兴趣。而丈夫也希望被溺爱，唯恐孩子会取代自己的地位。尽管到了最后，夫妻俩作为父母，并无失职之处，不曾忽视孩子，但两人一直忧心夫妻感情会受到影响，开始猜疑彼此。由于一旦一方开始思考每种行为、每一句话、每种表情，似乎就能看出或能轻易看出感情的变化，因此，猜疑彼此会带来巨大的危险。夫妻双方都看出了某些问题。巧合的是，妻子在产后身体恢复中时，妻子照料新生儿，丈夫则去巴黎度假了。丈夫给妻子写信，信中谈及自己见到了各种人，玩得很开心，诸如此类。妻子感觉自己被忽略了，再也无法感受到过去的幸福，以至于忧郁成疾，得了广场恐惧症，害怕独自外出。所以丈夫回家以后，只能陪伴在她身边。她看似赢得了关注，实现了自己的目的，可是一旦她治好了自己的广场恐惧症，就得不到丈夫的陪伴了，所以她并没有真正得到满足。正因为这样，她的广场恐惧症一直没有好。

生病期间，她从一名医生那里得到了不少帮助，病开始好起来。她将自己一切美妙的感情都倾注在医生身上。然而，她的病好起来以后，医生就走了。她写了一封信给医生，向医生友好地道谢，感谢他为自己做的所有事，但医生并未回复她。之后她的病情不断加剧。她开始想象出轨其他男人，向丈夫报复。可是她无法独自外出，只能让丈夫陪伴自己，她出轨的心愿始终没能达成，她被自己的广场恐惧症拯救了。

婚姻的意义

我们在见识过大量婚姻中的错误后，肯定会问这些结果是否绝对不可避免？错误从童年时便开始孕育，对此大家都了解。大家也明白，以原型特征为切入点，能对错误的生活风格加以纠正。既然如此，能否根据个体心理学的原理建立一些消除婚姻错误的咨询机构？受过严格训练的人很清楚，个人生活中的一切事物是如何彼此关联的，因此，他们能进入咨询机构工作。他们有同理心，能够表现出认同作用，面对来咨询意见的客人会心怀怜悯。

这种咨询机构的工作人员不会说出这样的话：“你们不如离婚吧，反正你们总是争吵，不可能重归于好。”离婚是否可以解决问题？离婚以后，生活该如何继续？离婚的人还想再婚，基本不可能改变过去的生活风格。我们会发现有些人结婚，离婚，再结婚，再离婚，周而复始。这种不停地犯同一种错误的人，不妨去向咨询机构寻求帮助。将要离婚时，将要恋爱时，将要结婚时，都可以去咨询机构咨询自己成功的可能性。

童年时，不少错误看起来微不足道，等到了婚后，这些错误才会变得重要。有些人总觉得，终有一日，自己会陷入绝望。一些孩子一直闷闷不乐，忧心自己会绝望。可能童年早期遭遇的困难导致他们变成了迷信的人，他们唯恐相似的悲剧再度出现。也可能他们害怕自己的地位被更受宠的人取而代之。这种绝望、忧心的情绪显然将在未来的婚姻生活中引发猜忌与妒忌。

有个很特殊的难题是，一些女性觉得男人不够忠诚，觉得他们不过是在玩弄自己。一个人只要有这样的念头，就无法在婚姻生活中得到幸福，这点再明显不过。

大家经常就恋爱、婚姻寻求意见，这一事实表明，在生活中，再没有比恋爱、婚姻更加重要的问题了。可是个体心理学相信，无论如何这不能算是生活中最重要的问题，只是很重要的问题而已。个体心理学认为，说某一个生活问题比另一个生活问题更重要，是不成立的。那些相信恋爱、婚姻是最重要的问题，且过度突出这一点的人，会失去自己生活的和谐统一。

大家或许是因为未曾接受过正式的相关教育，以至于过度看重该问题的重要性。跟其他问题相比，该问题又有些不同之处。不妨回顾我们之前探讨的三个生活问题，社会问题排在首位，其关系到我们如何对待他人。我们从生活之初就开始学着跟他人往来，即我们的学习在生活早期就开始了。我们的种种职业技术也是一样，有老师教授，书本也有关于怎样处理问题的知识，可供我们学习，即我们接受了相当正规的职业培训。可是有书本教过我们如何为恋爱、婚姻做准备吗？尽管很多书都跟恋爱、婚姻相关，不涉及爱情故事的文学类型是不存在的，但是极少看到有什么书是讲成功的婚姻的。可能是我们的文学跟文化有着紧密的关联，因此，大家都把遭遇困难的男女当成关注的对象，并会以很谨慎乃至过度谨慎的态度谈及婚姻问题。

自有人类以来，婚姻便属于其特有的行为。那时候，无论男女，都会在爱情生活中遭遇巨大的危险。一谈及恋爱、婚姻问题，我们的教育显然会表现得相当拘谨。我们的教育不应向孩子传授如何为犯罪做准备的知识，而应采取更灵活的方式，教导男孩和女孩学会如何在婚姻中扮演好男人和好女人。此外，夫妻双方在婚姻中应是平等的，这点我们也要教给孩子们。

在这件事上，我们的文化相当失败，其中一项证明就是，当前的女性拥有自卑感。大家要是不相信，不妨对女性斗争的方式做一番了解。女性时常进行超出常规的学习，得到超出常规的发展，这些大家都将了解。除此之外，女性为何想要打败其他人，大家也能了解。而且女性比男性更关注自身，未来的教育应教女孩学会关注他人，而不只是关注自身利益。与此同时，还要让女孩明白，应发展更多的社会兴趣才行。可我们要想做到这些，先要废除男性拥有特权的迷信观点。

一些人未能为婚姻问题做好充足的准备，为此，可以举一个例子。舞会上，有个美丽的女孩正在跟自己已经订婚的未婚夫跳舞。这个男孩险些把女孩推倒，而他这样做，不过是为了把掉到地上的眼镜捡起来。身边的人看到这一幕，都大吃一惊。有个朋友问男孩："你怎么能这样做呢？"他说："她要是踩了我的眼镜怎么办？"由此可见，这个年轻人还没有为结婚做好充足的准备。之后，他们的确也没结成婚。男孩后来去看心理医生，说自己饱尝爱情的忧郁带来的痛苦。很多对自身关注过度的人，都会患上抑郁症。

不少情况都能表明，个人有没有为结婚做好充足的准备。有一种人无论如何都不能相信，就是在约会时迟到，又不能给出半点儿值得信赖的解释的人。从中能看出，他们并未为应付生活问题做好充足的准备，且态度很迟疑。

一方经常想谴责或教育另一方，也表明其未能做好充足的准备。还有一种情况很不妙，就是过度敏感，这是对自卑情结的展现。不合群及没什么朋友的人，都未能满足婚姻生活的条件。而在职业方面，表现得相当迟疑、消极，没有勇气直面生活，同样不是什么好的表现，这种人显然缺少适应能力。

尽管上述种种表现都无法让人满意，但实际上，我们能轻而易举地遵循对的方向来挑选一个人。要是这个人刚好跟我们的理想人选相符，就再好不过了。能够推导出，想找到自己理想的另一半，却一直未能如愿以偿，这样的人会带着一些迟疑，根本无意继续发展下去。

德国有一种古老的方法，能测验一对青年男女满不满足结婚条件。这是乡下的一种习俗，大家给一对青年男女一把锯子，锯子的两头都有把手，两人分别拿着一个把手，在亲友们的围观下，共同锯一根树桩。两人要彼此配合，一起拉动锯子，即要兼顾对方的动作，以便锯断这根树桩。用这样的方法检验一对男女有没有能力适应婚姻，是很明智的。

在此，我们再复述并概括一下上述内容。一个人必须要能适应社会，然后才能解决恋爱、婚姻问题。大多数错误之所以产生，是因为缺少社会兴趣。只有改变自己，才能纠正这种错误。婚姻属于夫妻双方的共同目标。由于要完成一项工作，不能只让一对夫妻学习怎样工作，而应让大家共同实现合作，因此，教育不应教人们怎样仅凭个人力量担负起工作。现在的教育还有一些不足，尽管如此，夫妻双方还是能为婚姻问题做出圆满的解决，前提是夫妻双方都能意识到自身性格有什么错误，在平等精神这种原则的指引下解决婚姻问题。

婚姻的最高形式显然是一夫一妻制。有些人相信，跟人类的天性更加相符的，是一夫多妻制，但这些人列出的理由全都属于伪科学。他们的看法让人难以接受，毕竟我们的文化认为，恋爱、婚姻都属于社会任务。我们之所以结婚，也是间接维护社会利益，而不仅仅是维护个人利益。最终，我们要明确，婚姻属于种族需求。

婚姻的“杀手”

实际上，羡慕、妒忌都属于自卑，属于个人的一种根本态度，会对个人和他的伙伴关系造成影响。羡慕、妒忌存在于每一种性格，只是程度多少不同。程度较轻的很正常，不会带来害处。在问题的解决、发展过程中，羡慕、妒忌都能在某种程度上发挥作用，务必要赋予其意义。不过，能发挥作用，自然就表明其不是毫无意义。因此，对于所有人都有的少许羡慕、妒忌心理，我们应保持宽容的态度。

可是要将妒忌变成有意义的心理，却颇具难度。处理妒忌心理，比处理那些极难处理的难题还要困难。不存在哪一种方法，只凭自身就能赋予妒忌意义。

更深入一层，能够发现，妒忌源自一种影响很深、程度恶劣的自卑。心怀妒忌的人时常忧心自己无法挽留伙伴。因此，只要他借助这种方式，作用于他的伙伴，那他的怯懦便会对外展现出来，展现的方式便是妒忌。在研究这样的原型时，我们发现了一种争抢的欲望。因此，最佳做法是调查妒忌之人过往的经历，看看我们是否正在跟一个地位被抢走的人来往，看看他是否在忧心相同的经历会再度降临到自己身上。

我们要以一般意义上的妒忌、羡慕问题作为切入点，对一种特殊的妒忌感情进行研究，这种妒忌是女性针对男性良好的社会地位产生的。想变成男人的女孩与女人不在少数。公正地看待该问题，就能有如下发现，从而明白女性何以会产生这样的心理：男性在我们这个社会中占据领导地位，跟女性相比，男性得到了更多的尊敬、肯定、欣赏。从理论上说，这样的不公应该消除。女孩会看到，男孩与男人过着非常舒服的生活，他们在家庭中更加自由，用不着为那些细枝末节费心思。因此女孩对男性拥有的类似于特权的自由产生了羡慕之情，而不再满足于自身地位。为此，女孩开始极力模仿男孩，包括穿男装等各种模仿行为。女孩的父母很支持女孩穿男装，因为通常认为男装更舒适。这种行为从某种程度上说是有意义的，因此，用不着对其加以阻挠。不过，有些女孩想叫男孩的名字，对女孩的名字没有好感。其他人叫她们时，若没有叫她们认同的男孩的名字，她们就会愤怒至极，这种行为完全没有意义。这如果不是玩笑，而是一种表象背后隐藏的态度，就未免太过可怕了。这种女孩也许会在之后的生活中，对婚姻和自己扮演的女性角色都心怀厌恶，更有甚者，她们会对已婚女士这个身份产生憎恨情绪。

实际上，我们不应责备这些女性，毕竟穿上干净利落的服装确实更便利。男性能在各行各业中发展，女性也是一样，男性能做的工作，女性也能做。可是女性若因不满于自己的性别，极力学习男性那些恶劣的习惯，事情就危险了。整体而言，这种危险在青春期首次出现，因为原型遭受恶劣的影响就是在青春期。还没有成熟智慧的女孩羡慕男孩的特权，试着模仿男孩，是其最重要的表现。这同样属于优越情结，因为她们在逃避正常发展。这种情结会导致女孩对恋爱、婚姻厌恶至极，这点之前分析过了。不过，这不表示所有怀有这种厌恶情绪的女孩都不想结婚。我们的文化相信，不结婚是一种失败，因此，对婚姻毫无兴趣的女性同样期待结婚。

在某些人看来，支持女性抵制男性是不恰当的，不妨以平等原则为切入点，对男性和女性的关系做出调节。抵制男性属于优越情结，其作为一种抗争的方式，是缺乏理智的。然而，男性和女性的平等，务必要跟事物的自然规律达成统一。种种性功能都会被这种抗争产生作用，更有甚者，这些功能还会变得很混乱。这就是不少恶劣的疾病形成的过程。追本溯源就能发现，这种情况在童年时便已出现。

男孩希望变成女孩的病例比上面这种病例要少一些，但的确也是有的。这种男孩模仿的对象不是普通女孩，而是夸张、轻浮的女孩。为了尽可能向轻浮的女孩靠拢，这种男孩会戴上鲜艳的花，浓妆艳抹，这同样属于优越情结的展现形式。

不少病例中的男孩都在女性主宰的环境中长大，因此，成长期间，他们选择母亲而非父亲作为自己模仿的对象。有个男孩曾为了性问题过来求医。他在家一直跟母亲相伴，几乎感觉不到父亲的存在。母亲结婚前后一直是一名裁缝，而男孩长期跟母亲相伴，也对裁缝产生了兴趣。他开始学习裁缝技术，设计女装。一般情况下，他的母亲都是四点外出，五点回来。四岁那年，他已学会了看表。我们能从上述情况中察觉到，对于母亲，他究竟怀着何种兴趣。他盼着母亲早些回来，因此才学会了看表。

这个男孩上学后，行为越发接近女孩。任何游戏、活动，他都没勇气参加。面对这种情况，总有男孩会吻他，把他当成笑料。一天，男孩们要表演一出戏，这个男孩显然要出演女性角色。他的表演非常成功，观众中有不少人都相信他真是女孩，有位男性观众甚至对他产生了爱慕之情。

他之所以会有性障碍，原因就在于此：就算他无法被视为一名男性，获得他人的尊重；也能被视为一名女性，获得他人的赞赏。

◎ 第九章

童年创伤
容易带来性问题

在前一章中，我们就一般意义上的恋爱、婚姻问题做了探讨。在这一章中，我们要探讨这一大问题中包含的具体问题，即性问题和性问题跟性幻想、性变态之间的关系。我们已经证明，大部分人对除爱情以外的生活问题做的学习与准备，都比他们为爱情问题做的学习与准备要多。该结论在性问题中同样正确。要额外说明一点，我们务必要摒弃性问题方面的种种迷信。

最常见的迷信是这样一种观点：性格来自遗传，性欲同样来自遗传，不可改变。世人都倾向于以遗传作为借口和辩解的依据，为人类的发展进步带来了阻力，对此大家都了解。正因为这样，我们很有必要描绘一下领先的科学观念。普通人对这些观念持有太过谨慎、庄重的态度，并不了解提出这些观念之人并未探讨人为造成的性本能刺激，也未探讨该结论或许会带来的压抑的程度，仅仅只是给出了结论而已。

婴幼儿也存在性问题

性欲在生命早期便已出现。婴儿刚刚诞生的那几天，就会做出某些性动作，产生某些性兴奋。可要发现这些，必须由心思细密的保姆或父母认真观察才行。然而，我们并未预测到这类性欲表现对环境的依赖。父母应在婴儿有这样的表现时，努力转移其注意力。可在实践期间，父母要么无法用对方法，要么偶尔用对了方法，结果却非常糟糕。

早期，对自身器官功能认知错误的孩子，也许会对性活动产生更加浓厚的兴趣。其他身体器官也有这种情况，至于性器官，自然也是一样。父母要在适当的时机做出干涉，这样才能让孩子获得正确认知。

整体而言，不应对孩子的性动作有太过惊讶的表现。由于男女两性都以相互结合作为终极目标，因此，童年时期有性表现很正常。我们要以等待、观察为原则，在孩子身旁避免其性表现走向错误的发展方向。

世人往往相信，童年的自我学习产生的某一结果源自遗传缺陷。这种自我学习的做法，偶尔还会被当成遗传特征。因此，若一个孩子对同性的兴趣超过了对异性的兴趣，大家就会相信其生来便是性无能。可性无能是长时间不断累积的结果，这点我们是了解的。不少人相信，部分成人或孩子之所以很不正常是因为遗传。如果真是这样，那这种人重复自身行为或梦到自身行为是基于什么原因呢？他们这样训练自己，又是基于什么原因呢？

一些人会在一段时间内中止这样的学习，至于为什么会这样，不妨用个体心理学原理做出解释。例如，自卑情结导致人们对失败怀有畏惧，可是过分的学习最后又会导致优越情结的产生。这时，大家会发现一些与之相似的行为会将性欲夸大，将其过分突出。这种人或许拥有异常强烈的性欲。

这种人对于优越的追逐，极易被环境影响。这种兴趣是如何被一些社交、电影、小说、图画加强的，大家都很清楚。当前这个时代中的所有东西基本都增强了世人对夸张性行为的兴趣。尽管对于性的凸显，在我们看来有些过度，但这些机能性驱动力对恋爱、婚姻、人类繁衍发挥的重要作用，我们却不能低估。

照料孩子期间，父母应预防孩子们出现夸张的性行为。孩子过分高估性的重要性是一种很常见的状况。至于原因，或许是母亲太重视孩子最初做出的性动作了。母亲也许会不断向孩子讲述这种问题，会守在孩子身旁，或对其施加惩罚，因为孩子的这种动作让母亲太吃惊了。应了解一点，孩子都很关注自己，因此，批评也许无法终止他们的这种习惯。更恰当的解决方法是，避免在孩子面前对该问题过度突出。在对其进行处理时，应将其视为一般的难题。若当着孩子的面，所有人都表现得不太在乎，那该问题就会简单得多。

大家有时也会因某些传统，对某一方向加以留意。举个例子，母亲会借助拥抱、亲吻之类的方式展现自己强烈的爱。尽管母亲们表示，难以克制自己不这么做，但她们确实不应经常这么做。这并非母爱的典型表现，因为母亲这么做的时候，似乎并未把孩子当成孩子，而是把他们当成仇敌看待。一直处在溺爱中的孩子在性领域根本无法得到好的发展。

性与控制欲

关于该问题，还有这样一种观点，性欲不仅仅是精神与心理发展的基础，还是一切身体活动发展的基础。大批心理学家、医生都持有这样的观点。我也赞同该观点，我相信性欲发展与总体形式全都要依靠原型与生活风格，即依靠个性。

例如我们能根据一个孩子压抑自身性欲，另一个孩子借助某一方式展现自身性欲，猜出成人之后两人分别会遭遇何种问题。遇到一个时刻想着掌控其他人，赢得其他人关注的孩子，我们会推导出其在性欲领域的发展方向同样是掌控其他人，赢得其他人的关注。

不少人之所以会跟多人有性行为，是因为他们相信，用一夫多妻制的方式表现性本能，自己便能掌控其他人，或变得更优越。这种人过度重视自身性态度与性欲，这点显而易见，而心理元素便是他们这种表现的源头。在他们看来，这种表现能把自己变成掌控者。可这仅仅是为补偿自卑情结产生的一种想象而已。

自卑情结以性变态为最重要的问题，有自卑情结的人在寻求解决方法时，会选择最简单的。这种人有时会发现，最简单的解决方法是夸大自身性生活，将大半生活都摒弃在外。

孩子身上时常会有对这种特征的展现。整体而言，这种特征在想掌控其他人的孩子身上都会有所展现。这种孩子的努力仅限于生活无意义的方面，他们为了跟老师、父母纠缠，不惜制造难题。在之后的生活中，他们同样期待用跟其他人纠缠的方式实现自己的优越目标。这种孩子在成长期间，混淆了掌控、优越的意愿与性欲。他们会抗拒生活中某些问题与可能，同时对一切异性都持排斥态度。正因为这样，他们的学习目的成了跟同性相恋。在性反常的人中间，经常能看到对性欲的过度凸显，这点应留意。这种人过分夸大自己的性反常，实际是为了逃避正常的性生活难题，拒绝解决这些难题。

我们必须先对他们的生活风格有所了解，然后才能解释上述所有情况。可是一些想要被人欣赏的人，却会在异性对他们满怀兴趣时产生力不从心的感觉。童年时代，他们便在对异性的问题中产生了自卑情结。例如，他们发觉跟母亲或姐妹的行为相比，自己的行为不会更吸引人，他们据此相信，自己无论何时都无法让女性感兴趣。这种人相当崇拜异性，也许会将异性所有的行为都视为自己模仿的对象。这就是为什么会有女性像男性，也会有男性像女性。

另有一种犯了虐童罪的男人，遭到指控，人们称其为虐待狂。这种案例能为我们先前探讨的特征的产生提供最佳说明。详细询问其成长经历，我们会有这样的发现：他有一位相当专制的母亲，他受尽母亲的斥责，可在校期间，他却表现得很出众、很聪明。然而，他的成绩从未让母亲满意过，因此，对于母亲，他毫无兴趣，他在家庭感情中排挤掉了母亲。不过，对于父亲，他却表现得相当依赖，他非常爱自己的父亲，很愿意跟父亲亲热。这个男孩必然会持有这样一种观点：女人都很挑剔，很严苛。他这种观点是如何产生的，可以猜想得到。在他看来，自己跟女性往来毫无快乐可言，完全是逼不得已。他对异性的排斥态度便由此产生。最可怕的一点在于，每当陷入恐慌时，他就会感受到性刺激。

对于这种人，我们都相当熟悉。他们时常被焦虑折磨，却能从中受到刺激，正因为这样，他们一直在寻觅某种环境，会让自己心生恐惧。这种人也许会在之后的生活中，因看见某个孩子受尽折磨而心生喜悦，或热衷于向自己施虐，或让自己受到惩罚，更有甚者，他们也许还会从对其他人或他们自己受虐的想象中得到快乐。想象与真实的虐待，都能让这种人得到性满足与性刺激，他们跟我们探讨的那种人是一样的。

这种案例就是错误的学习导致的后果。自己的种种习惯彼此间有何关联，这种人并不清楚，即便其能搞清楚，也已经太迟了。等到二十五岁或三十岁时，个人再重新学习，是相当困难的，最佳学习时间是童年。

孩子和父母的心理关系也许会导致孩子童年时的种种事情都被搅乱，会变得相当复杂。我们会发现性方面的学习很糟糕的情况是如何引发了父母和儿子的心理矛盾，这种状况十分怪异。好勇斗狠的少年也许会肆无忌惮地宣泄自己的性欲，以达到故意伤害父母的目的，在青春期就更是如此了。无论男孩还是女孩通常在跟父母发生冲突后，通过跟别人发生性行为，达到向父母报复的目的，这点大家都了解。若这些孩子发现，他们的父母对此相当敏感，那他们便会越发无所顾忌。偏激的孩子往往会在该领域发动进攻，几乎没有一个孩子是例外。要避免孩子采取这样的对策，只有一种方法，就是让孩子自己对自己负责。如此一来，孩子们便会意识到此举不仅关系到父母的利益，还关系到自身的利益。

展现于生活风格中的童年环境，以及国家的政治经济状况，都属于性的影响元素。国家的政治经济状况会推动某种社会元素的诞生，其有着极强的影响力。首次俄国革命和日俄战争失败后，所有俄国人都失去了自信与希望，因此爆发了轰轰烈烈的性解放运动，全体年轻人乃至全体成人都被该运动影响。革命期间，也存在类似的被夸大的性欲倾向。战争年代，沉迷性欲的情况相当常见，因为生命已变得毫无价值。

警察好像也相信，借助性这种方式，能够让心理获得自由。这种有意思的情况至少在欧洲是成立的。警察在追捕各种案件的罪犯时，都会先去搜查妓院，且往往能得偿所愿，连犯下杀人案的罪犯都能抓到。这主要是因为犯罪之后，罪犯心中充满焦虑，要通过情绪安抚才能平静下来。他们需要证实自己依然非常强大，依然很有能力，并没有狼狈逃窜。

性失控，也许源于心理失衡

曾有个法国人说，人未必是因为口渴才去喝水，未必是因为饥饿才去吃饭，而且人随时可能发生性行为，人是唯一会有这种表现的动物。在其他领域过度纵欲的实质如何，在性方面过度纵欲的实质就如何。发展任何嗜好、放纵任何欲望都会打乱生活的和谐。心理学史记录了不少病例，他们放纵自我，无拘无束。最终，欲望与嗜好甚至变成了强迫性质。吝啬鬼是大家熟悉的案例，这种人很重视钱财，重视得过了头。某些人十分重视卫生，将打扫工作放在首位，为了完成这项工作，可以耗费一个白天或半个夜晚。有些人只对吃的东西感兴趣，一直在不停地吃。食物对这种人是最重要的，他们在跟人交谈时，也只会谈食物这一个主题。

过度放纵自己的性欲也是相同的情况。生活风格必将因此进入生活无意义的状况，行为也将因此失衡。在常规的性本能练习中，应将性驱力控制在有意义的目标范围内，而我们的一切活动都应作为对该目标的体现。一旦选中了恰当的目标，那么性欲和生活的其他方面必然不会被过度重视。

这自然不表示在正常的生活风格中，表现就会是恰当的，同样不表示神经性疾病恰好是生活风格失衡的表现，用较为随意的性表达方式就能治好这种病。有一种观点认为，神经症的起因是力比多[1]被压抑，该观点传播甚广，但其本身却是错的。实际情况刚好相反，神经症患者在性表达方面根本找不到正确的方式。

我们见识过这种人，有人提议，让他们更加肆无忌惮地宣泄自己的性本能，结果却导致他们病得更严重了。原因在于，他们未能约束自己的性生活，将其限定在社会有意义的目标范围内。而务必要将性生活限定在社会有意义的目标范围内，才能缓解他们的神经症。神经症实际上属于一种生活风格中的疾病——该名称是临时采用的，借助性本能的表达方式，并不能使其康复。要治愈神经症，必须以生活风格作为切入点。

一切关系都十分清楚了，据此，个体心理学家坚信，

1 泛指一切身体器官的快感，包括性倒错者和儿童的性生活。弗洛伊德认为，力比多是一种本能，是一种力量，是人的心理现象发生的驱动力。——编者注

美满的婚姻是仅有的解决问题的好方法。可是由于神经症患者无法好好地适应社会生活，其性格往往都很怯懦，因此，他们不会对该方法产生兴趣。而过分突出性欲的人刚好与之相反，在他们看来，应采取一夫多妻制、试婚、同居等方式。他们全都以逃避社会的方式，让自己在性方面的问题得以解决。他们在解决社会适应问题时，又不接受夫妻统一兴趣原则的指引，而是想象出一种新的逃避方式。可最便捷的方法也最困难，这是不可避免的。

图书在版编目（CIP）数据

走出童年的创伤 / [奥] 阿尔弗雷德·阿德勒著；陈松岩译.-- 北京：中国画报出版社，2024. 3

ISBN 978-7-5146-2330-7

Ⅰ. ①走… Ⅱ. ①阿… ②陈… Ⅲ. ①个性心理学—通俗读物 Ⅳ. ①B848-49

中国国家版本馆CIP数据核字(2024)第014364号

走出童年的创伤

[奥] 阿尔弗雷德·阿德勒 著　陈松岩 译

出 版 人：方允仲
责任编辑：程新蕾
责任印制：焦　洋

出版发行：中国画报出版社
地　　址：中国北京市海淀区车公庄西路33号 邮编：100048
发 行 部：010-88417418　010-68414683（传真）
总编室兼传真：010-88417359　版权部：010-88417359

开　　本：32开（140mm×210mm）
印　　张：7
字　　数：150千字
版　　次：2024年3月第1版　2024年3月第1次印刷
印　　刷：三河市冠宏印刷装订有限公司
书　　号：ISBN 978-7-5146-2330-7
定　　价：55.00元